Beiträge

zur

Kenntniss der Baumkrankheiten.

Beiträge

zur

Kenntniss der Baumkrankheiten.

Von

Dr. Carl Freiherr von Tubeuf,

Privatdozent an der Universität München.

Mit 5 lithographirten Tafeln.

BERLIN.

Verlag von Julius Springer.

1888.

ISBN-13: 978-3-642-90481-3   e-ISBN-13: 978-3-642-92338-8
DOI: 10.1007/978-3-642-92338-8

Inhalt.

I.

Einleitung.

———

Bei der Frage über die Anbauwürdigkeit fremder Holzarten in deutschen Forsten ist bis jetzt aus natürlichen Gründen ein Punkt unerörtert geblieben; es ist dies das Verhältniss der Exoten zu ihren Krankheiten.

Wenn es sich darum handelt, Holzarten bei uns heimisch zu machen, so fragen wir uns nach den Vortheilen, welche dieselben den unsrigen gegenüber besitzen, ob sie durch die Güte des Holzes, schnellen Wuchs, starke Dimensionen, lebhafte Reproduktionskraft die einheimischen Holzarten auf demselben Standorte übertreffen oder ob sie der Ungunst der Verhältnisse besser Stand halten; ob sie also die chemische und physikalische Mangelhaftigkeit des Bodens, das Klima im weitesten Sinne besser aushalten, oder endlich, ob sie den Feinden der Pflanzenwelt mehr Widerstand entgegensetzen, ob sie insbesondere durch Wild, durch thierische und pflanzliche Parasiten weniger zu leiden haben; wobei wieder zu unterscheiden ist, ob sie überhaupt weniger derartige Feinde haben oder ob ihre Prädisposition für dieselben so gering ist, dass diesen weniger Gelegenheit zu erfolgreichem Angriffe geboten ist. Eine weitere Frage ist die, ob wohl zu befürchten steht, dass wir mit den Exoten fremde Feinde des Waldes bei uns einführen. Hierbei erinnere ich nur an die zu uns eingeschleppten Feinde der Kartoffel: den Coloradokäfer und Phytophthora inflestans, die Schädlinge des Weines Peronospora viticola und die Reblaus, die mit der Lärche überall eingewanderte Peziza Willkommii, Hartig.

Die erste Frage nach den Feinden in der Heimath der Exoten ist wohl am schwersten zu beantworten, da wir ja kaum in Europa mit der Bearbeitung der Pflanzenkrankheiten begonnen haben.

Reisen in die Heimath dieser Holzarten, wie sie z. B. Dr. H. Mayr im Auftrage der k. bayr. Regierung 1885 und jetzt bei seiner Ueberfahrt nach

Japan durch Nordamerika machte, um zu beobachten und zu sammeln, oder gar der längere Aufenthalt in diesen Ländern wie ihn die als Professoren der Forstwissenschaft nach Tokio berufenen Dr. H. Mayr und Dr. E. Grasmann nehmen werden, können allein hierüber Auskunft geben, solange noch keine Arbeiter dieser Richtung dort heimisch sind.

Wie sich die Exoten zu den in Europa herrschenden Krankheiten verhalten, wird durch die Anbauversuche ebenso ermittelt werden, wie ihre Widerstandskraft gegen die Einflüsse der Atmosphäre und des Bodens.

Der ungünstige Erfolg liefert die definitive Antwort stets schneller als der günstige, da dieser eben erst nach dem Gedeihen einer oder mehrerer Generationen der angebauten Holzarten festgestellt werden kann.

Wenn wir von den mächtigen Feinden der Exoten, vor allem dem Wild und von der eigenen Unerfahrenheit absehen, so bleiben uns noch die kleinen Feinde wie besonders die Insekten und die Pilze, welche den Rang der Schädlichkeit den erstgenannten freilich kaum streitig machen können.

Von den heimischen Feinden des Waldes gehen natürlich eine grosse Menge ohne Unterschied an die Exoten, der Rüsselkäfer benagt die fremden Nadelholzpflanzen, der Borkenkäfer schont die Fremdlinge nicht, Engerlinge, Raupen und Käfer fressen Fremdes wie Einheimisches, Phytophthora omnivora macht die Saatbeete fremder Sämlinge so lückig wie einheimischer, Agaricus melleus ist sogar an vorweltlichen Taxodien nachgewiesen, die Laubholznektrien befallen auch eingeführte Bäume, Trametes radiciperda zersetzt das Holz der Douglastanne wie anderes. — Und doch wird es nöthig sein, genau festzustellen, welche Pilze so wählerisch sind, dass sie die eine oder andere Holzart verschmähen, und welche keinen Unterschied in ihren Wirthspflanzen machen.

Da wir eine Menge von Pilzen kennen, welche für gewöhnlich saprophytisch leben, in besonderen Fällen aber zu Parasiten werden, so ist es recht wohl möglich, dass hiesige Saprophyten an neu eingeführten Exoten parasitär auftreten. Der schlimmste Fall ist aber der, wenn wir mit den Exoten auch neue Feinde nicht nur der Exoten selbst, sondern auch gegen unsere eigenen Waldbäume importiren. Die Unempfindlichkeit einer fremden Holzart gegen parasitäre Feinde kann aber auch ein Pro bei der Frage ihrer Anbauwürdigkeit abgeben.

Um ein Beispiel zu wählen, möchte ich auf den Vorzug der Douglastanne hinweisen, dass sie von der Schütte nicht befallen wird. Auf (wenigstens besseren) Böden also, auf denen notorisch die Pilzschütte wiederkehrt und alljährlich die Culturen zerstört, kann durch Anbau mit der Douglastanne die Fläche endlich in Bestockung gebracht werden.

Auch fehlen für viele Exoten die verderblichen Loranthaceen ihrer Heimath, wogegen freilich manche derselben gerne von unserer Mistel befallen werden, welche in Amerika wenigstens nicht vorkommt. —

Nachdem das Ausland alle Anstrengungen macht, die Forstwirthschaft in den eigenen Waldungen einzuführen, nachdem England eine Forstakademie für indische Forstleute (an welcher auch ein Pflanzenpathologe Docent ist) gegründet hat, nachdem Japan in München einen Forstmann ausbilden liess, welcher mit einer forstbotanischen Arbeit hier promovirte, einen anderen zur Zeit hier studiren lässt, einen Forstmann und einen Forstbotaniker von hier an seine Forstakademie berufen hat, so hat die Forschung der Pflanzenkrankheiten und besonders die der forstlichen Culturpflanzen wieder ein weites Feld gewonnen, denn sie beschränkt sich nicht mehr auf die Krankheiten unserer einheimischen Waldbäume oder angebauten Exoten, sondern auch auf die Bäume, welche nutzbringend die Waldungen Amerikas, Japans, Indiens bilden.

Die Krankheiten der Urwälder sind ganz gewiss sehr mannichfache und die Parasiten gedeihen dort eben so üppig, wie ihre Wirthe, aber wenn sie auch das gleiche wissenschaftliche Interesse beanspruchen, sie reizen aus praktischen, aus materiellen Gründen noch nicht so sehr zur Bearbeitung wie die jener Bäume, welche Culturwälder bilden oder bilden sollen und werden.

In vorliegender Abhandlung übergebe ich dem forstlichen und botanischen Publikum die Bearbeitung von Krankheiten einiger heimischer und einiger exotischer Waldbäume, die theils in Deutschland cultivirt werden, zum Theile aber nur in ihrer Heimath gedeihen und dort nutzbringend eine Rolle spielen.

Für die vielfache Anregung und gütige Unterstützung bei meinen Arbeiten spreche ich meinem hochverehrten Lehrer Herrn Prof. Dr. R. Hartig den wärmsten und aufrichtigsten Dank aus.

II.

Botrytis-Douglasii.

Eine neue Krankheit der Douglastanne.

(Hierzu Tafel I.)

Die Douglastanne Pseudotsuga Douglasii wird von einem parasitären Pilze bewohnt, welcher als ein Botrytis mit Sclerotien bestimmt wurde. Da die Sclerotien keine Früchte entwickelten, sondern stets wieder Gonidien producirten, so kann eine weitere Benennung dieses Pilzes nicht vorgenommen werden und es muss vor der Hand nur von Botrytis Douglasii oder Sclerotium Douglasii gesprochen werden.

Die Krankheit, von der hier die Rede sein soll, wird schon über zehn Jahre in Norddeutschland an denselben grösseren Horsten von Douglastannen beobachtet, und wende ich derselben seit fast zwei Jahren meine Aufmerksamkeit zu, indem ich sowohl zu verschiedenen Zeiten neues Material aus dem Freien erhielt, als auch den Pilz im Laboratorium als Saprophyt auf todtem Materiale, wie als Parasit auf lebenden Pflanzen bis jetzt cultivirte. Eine grössere Ausdehnung scheint die Krankheit bereits genommen zu haben, da sie nach den Beobachtungen von Herrn Professor Hartig im vergangenen Sommer in Grafrath bei München einen grossen Theil der Douglastannen im Pflanzgarten befallen hat; auch kommt sie nach einer mündlichen Mittheilung im bayerischen Walde vor. — Die vorliegende Arbeit mag dazu beitragen, bei Auftreten der Krankheit dieselbe richtig zu erkennen und gegen dieselbe rechtzeitig einzuschreiten.

Im September besichtigte ich die kranken Pflanzen zum ersten Male und fand die Krankheit in folgendem Stadium (Taf. I, Fig. 1 u. 2): Die jungen, einjährigen Triebe waren scharf aus ihrer normalen aufrechten Richtung nach abwärts gebogen. Die Blätter dieser Triebe waren theils noch grün und erst am Absterben, theils schon braun oder grau.

Die äussersten Nadelbüschel waren dicht von einem grauen Pilzmycel zusammengesponnen.

Dieses Mycel entsprang den Zweigen besonders üppig in kleinen Büscheln an den Stellen der Biegung. Auf den Nadeln fanden sich zahlreiche punktförmige Höcker aus dichten Mycelknäueln gebildet (Fig. 4). Von den vielen angebauten Douglastannen waren am meisten diejenigen befallen, welche in dichtem Schlusse sich mit ihren Aesten gegenseitig berührten und von ihrer bis auf den Boden reichenden Beastung waren wieder am meisten die tieferen Parthien ergriffen.

Diese Beobachtung, sowie der Umstand, dass die ganz frei stehenden Exemplare völlig verschont waren, gaben den Beweis, dass das Gedeihen und wohl besonders die Infection des Parasiten an einen hohen Grad von Feuchtigkeit gebunden ist. Stehen die Pflanzen einzeln und mehr dem trocknenden Luftzuge ausgesetzt, so werden sie vor diesem Feinde sicher sein.

Hiermit ist denn auch die Regel für den Forstmann gegeben, dass er bei Cultur der Douglastanne die dumpfen Orte und engen Schluss vermeiden soll, was um so mehr zu befolgen ist, als die Douglastannenhorste zwar sehr gerne den Seitenschutz eines umgebenden Bestandes haben, dagegen als echte Lichtholzpflanzen selbst frei und unter freiem Himmel wachsen wollen.

Die bisherige Schilderung hatte die Krankheit im September zum Gegenstand. Im Dezember wurde die Untersuchung an frischem Materiale fortgesetzt. Dieses zeigte auf den Nadeln und an den Zweigen, besonders an der Basis der einjährigen Triebe unter den noch vorhandenen trockenhäutigen Schuppen der vorjährigen Winterknospe 1 bis 2 Stecknadelknopf grosse längliche tiefschwarze Sclerotien (Fig. 5, 6, 7, 8), welche die Epidermis allmählich sprengten. Von diesen Sclerotien sowohl als von den kleinen Mycelknäueln erhoben sich im feuchten Raume alsbald Gonidienträger mit üppigster Fructification (Fig, 9). — Soweit die Beobachtung am Materiale wie es die Natur bot. — Von nun an begann die künstliche Cultur des Pilzes.

Dass Sclerotien, Mycelknäuel und die grauen Mycelbüschel von den Nadeln zusammengehören, zeigte einmal ihr stetes gemeinsames Vorkommen im Winter und dann der Umstand, dass alle die gleichen Gonidienträger mit denselben Gonidien unter allen Verhältnissen producirten. Die Gonidien sind eirund und sitzen mit einem kleinen Stäbchen, welches in Wasser sofort abfällt dem Gonidienträger (Fig. 10—15) an. Myceläste entwickeln grosse Büsche von Gonidienträgern, sowohl an ihrem Ende als auch an verschiedenen Stellen desselben Fadens. Die Form und Stellung der Gonidienträger ist am besten aus den Abbildungen zu ersehen.

Die Gonidienträger in weiterem Sinne oder Gonidienträger producirenden aufrechten Myceläste entwickeln sich büschelförmig aus dem Substrat (Fig. 9).

Die Gonidien sind einzellig, eiförmig 9 μ lang und 6 μ breit, sie besitzen eine kräftige ca. 1 μ dicke Wandung und sind durchscheinend. Sie keimen, indem sie an 1 bis 3 Stellen Keimschläuche treiben, welche sich zu septirten hellen, später grau werdenden Mycelfäden entwickeln (Fig. 16). Sie keimen in Nährlösungen wie in Wasser. Auf Douglastannenzweigen, welche durch kochendes Wasser getödtet wurden, entwickelten die ausgesäeten Sporen in wenigen Tagen eine üppige Reincultur von Gonidienträgern bedeckt mit Gonidien auf allen Nadeln. Das Material, welches ich in Schnee und Erde überwinterte, war im Frühjahr vollständig intact und entwickelte im warmen, feuchten Raume jederzeit dieselben Gonidien.

Die Sclerotien bildeten sich in meinen Culturen nicht, erschienen aber im Freien massenhaft. Sie entwickelten jederzeit dieselben Gonidien. Ihre Länge betrug 1—2 mm und ihre Breite etwa die Hälfte (Fig. 5—8). Ihre schwarze Farbe wird durch die kräftige parenchymatische dunkle Rinde hervorgerufen, welche aus im Radius langgestreckten, manchmal quergetheilten Zellen besteht. Diese Zellen bilden einen parenchymatischen Mantel von dunkeler Farbe um den weissen Kern. Die Aussenwände der Rindezellen sind nicht verdickt. Die unregelmässig verlaufenden Markzellen besitzen eine stark quellbare und dadurch bald verschwimmende Wandung. Im Mark findet man Einschlüsse, wie es scheint, Holzzellen einer seitlichen Knospe, welche im speciellen Falle zu 5—8 mit sehr dicken Wänden und eckigem Querschnitt im Mark liegen und durch eine dichte, dunkle Schicht umgrenzt werden.

Das Mycel ist etwa 14 μ dick, dunkel gefärbt und septirt. Die einzelnen durch Querwände getrennten Mycelzellen haben eine sehr wechselnde Länge, einige Messungen ergaben eine Länge von 100 μ. Im feuchten Raume cultivirt und dort in einen Wassertropfen zur Beobachtung gebracht, zeigt es einen runden Querschnitt, ist aber gegen Trocknis so empfindlich, dass es bei Zugabe von etwas Alkohol oder beim offenen Transport durch die Zimmerluft sofort collabirt, und dann ebenso wie das dem Freien entnommene, getrocknete Material bandartig erscheint (Fig. 17).

Dieses bandartig erscheinende Mycel finden wir schon bei Fresenius (Beiträge zur Mykologie 1850—1863) für verschiedene Botrytis-Arten abgebildet. (Allerdings ähnlich auch das Mycel·von Penicillium-Arten.)

Bei der Cultur im Feuchtraume erhalten die Gonidien producirenden Mycelbüschel nicht die dunkle graue Farbe, sondern erscheinen weiss.

Die Empfindlichkeit des Mycels gegen Trocknis stimmt wieder mit der oben besprochenen Beobachtung im Freien überein, wonach der Parasit trocknenden Luftzug meidet. Interessant sind die Reproductions-Erscheinungen des Mycels in Fig. 19 u. 20, so wie seine Formen in künstlicher Plattencultur Fig. 18.

Das Mycel ist schon in der grünen, eben schlaff werdenden Nadel zu finden, es wächst zunächst üppig in den weiten Intercellularräumen und durchwuchert schliesslich die ganze Nadel.

Die parasitäre Natur des Pilzes war schon durch sein ganzes Auftreten unzweifelhaft. Zur Bekräftigung der Beobachtung wurden jedoch Infectionen ausgeführt. Sie ergaben, dass Keimlinge zwischen den Cotyledonen mit Sporen bestreut, nach wenigen Tagen anfingen, von oben herab welk zu werden und wie durch kochendes Wasser gezogene zarte Pflanzentheile aussahen; bald waren sie so von Pilzfäden durchwachsen, dass die Gewebe ihren Zusammenhang verloren und schliesslich verschwanden die ganzen Pflänzchen.

Bei einer Infection durch Phytophthora omnivora, die häufig mit der Erde in Blumentöpfe kommt, fängt die Erkrankung regelmässig an der Erdoberfläche an. Bei Infection in der Natur können natürlich auch Sporen zuerst auf höhere Theile fallen.

Mit diesem Pilze siedelte ich aus dem forstbotanischen Laboratorium in München in das botanische Institut nach Karlsruhe über und setzte dort meine Infectionen fort. Douglastannen, welche im Winter in München der Infection monatelang widerstanden hatten, fand ich bei meiner Rückkehr hierher durch den Pilz getödtet, diese wie die Exemplare in Karlsruhe erlagen sofort als die erste Frühjahrsonne ihre jungen Triebe den Knospen entlockt hatte. Kaum geboren, waren sie ein Kind des Todes, durch den bereits·auf ihr Erscheinen lauernden Pilz.

Wiederholt wurden junge Triebe und ganze frisch austreibende Pflanzen unter Glasglocken inficirt und alle sind erlegen. Die Sporen keimen im feuchten Raume unter der Glasglocke auf den frisch mit Wasser bespritzten Blättern; das nun entwickelte Mycel dringt wohl zunächst durch die Spaltöffnungen ins Innere ein, in wenigen Tagen ist die Nadel oder der junge Trieb voll Mycel, bald werden sie gelblich, der ganze Zweig wird matt, schlaff, sinkt herab und das alles durchwachsende Mycel beginnt bereits wieder auf dem gelieferten Opfer die üppigste Production von Gonidien. Berührt man einen solchen Trieb, so erhebt sich ein gelbliches Staubwölkchen von Sporen, mit dem eine Infection leicht auszuführen ist.

Der Parasit erhält eine weitere Bedeutung dadurch, dass es in gleicher Weise glückte, die kräftigsten 2—6 jährigen Pflanzen von Tannen, Fichten, Lärchen zu inficiren. In der feuchten Glocke und wohl gestärkt durch saprophytische Ernährung gelang es dem Pilze auch ältere Nadeln der Tanne zu befallen. In den Glocken entwickelte er sich schliesslich so üppig, dass er zuletzt die ganzen Pflanzen mit seinem Gespinnst bedeckte und wie zuerst die jungen Zweige, so jetzt die ganzen, mehrjährigen Pflanzen tödtete und zwar in einer Zeit von 8—14 Tagen. Controllpflanzen unter Glocken ohne Infection gediehen aufs Vorzüglichste.

Praktisch kann vom Parkgärtner gegen die Krankheit vorgegangen werden durch Entfernen der kranken Triebe und sauberes Wegnehmen des zu Boden gefallenen Laubes, vom Forstmanne dadurch, dass er die Pflanze in eine Stellung bringt, in der eine flotte Luftcirculation um die ganze Pflanze den Feuchtigkeit liebenden Pilz ferne hält, wobei jedoch für genügenden Seitenschutz gegen Frost und Wind gesorgt sein soll.

III.

Arceuthobium Douglasii und americanum auf Pseudotsuga Douglasii und Pinus Murrayana.

Hierzu Tafel II.

Die Krankheit wird durch Arceuthobium Douglasii (Taf. II, 1—6) einen phanerogamen Schmarotzer aus der Familie der Loranthaceen verursacht, welcher in Amerika sehr häufig ist, in Europa noch nicht beobachtet wurde. Culturversuche müssen darthun, ob derselbe in Deutschland überhaupt gedeihen kann. Seine Einbürgerung hier ist dadurch erschwert, dass erstlich vor der Hand noch die Douglastannenbestände fehlen, weil ferner seine Samen auf Bäume gebracht werden müssten, was in der Heimath derselben ebenso wie bei unserer Mistel durch Vögel besorgt wird. Es ist nicht möglich, dass Vögel den Samen von Amerika nach Europa tragen und wenn solcher zufällig z. B. mit dem Samen der Douglastanne den Weg über den Ocean macht, kann er nicht keimen, weil er höchstens in die Erde aber nicht auf die Bäume gelangt. Ist doch auch Viscum album, welches durch ganz Europa und Asien bis Japan verbreitet ist, noch nicht nach Amerika gekommen. Und hierin liegt gewiss ein grosser Vortheil beim Anbau von Exoten, dass Parasiten, unter denen sie in ihrer Heimath zu leiden haben, nicht mit importirt werden und leicht ausgeschlossen bleiben können, wie dies bei den Loranthaceen der Fall ist.

Die Loranthaceen äussern ihre schädigende Wirkung in sehr verschiedener Weise. Die grossen Pflanzen von Viscum und Loranthus-Arten wirken vor allem dadurch schädlich auf die Wirthspflanzen, dass sie denselben einen grossen Theil ihrer Nährstoffe entziehen und so bei Obstbäumen einen geringeren Obstertrag an Grösse und Güte bewirken. Wir finden daher häufig den bezirksamtlichen Befehl zur Reinigung der Obstbäume von unserer Mistel in den Amtszeitungen ausgeschrieben. Eine ähnliche Wirkung beschreibt Scott[1] von Elytranthe globosus auf Citrus in Calcutta. Diese Lo-

---

1) Mittheilung von Graf Solms-Laubach, Bot. Ztg. 1877, No. 9.

ranthacee verursacht, dass die Früchte des Citrus klein, trocken und geschmacklos werden, auch bringt sie schliesslich die ganzen Bäume zum Absterben. Ein grosser Theil der Loranthaceen hat nur einen Hauptansatz am Nährast, welcher alsbald eine mehr weniger bedeutende Verdickung erfährt, wie dies von Viscum album und Loranthus europaeus ja allgemein bekannt ist.

Eine Ausbreitung finden diese durch Adventivknospenbildung an den intracorticalen Rhizoiden. Andere besitzen lange Rhizoide, welche ausserhalb des Nährastes hinlaufend hier und da sich an denselben anheften und ihre Haustorien mit demselben in innigen Contact bringen, also an verschiedenen Stellen Nahrung aufnehmen, denn diese Haftorgane werden sicher nicht allein zum Festhalten dienen.

Die amerikanischen Arceuthobien äussern ihre Wirkung dadurch, dass ihre reichverzweigten Rindenwurzeln eine Deformation der Zweige der befallenen Wirthspflanzen hervorrufen, eine förmliche Hexenbesenbildung.

Um die Wichtigkeit und Verbreitung der uns besonders interessirenden Arceuthobien darzuthun und ihre Kenntniss in weitere Kreise zu tragen, lasse ich hier das Capitel über Arceuthobien aus der Botany of California in deutscher Uebersetzung folgen. Durch diese Einschaltung erspare ich mir einerseits die systematische Beschreibung von Arceuthobium Douglasii, wie der übrigen von Herrn Dr. Mayr mitgebrachten Arceuthobien, andererseits ist hierdurch am besten zu ersehen, dass sehr werthvolle Bäume Amerikas unter diesen Feinden leiden, dass ferner verschiedene Exoten, welche in Deutschland zum Anbau kommen, in Amerika zwar diese Feinde haben, in Europa aber vor denselben gefeit sein werden, wie die schon besprochene Douglastanne, die hochgeschätzte Pinus ponderosa wie die in Parks bei uns vielfach angebaute Abies grandis, concolor und andere mehr.

In der Botany of California. By Sereno Watson, II. Bd. 1880, S. 104—107 heisst es wörtlich:

Arceuthobium.

Blüthen meist zusammengedrückt, die männlichen meist 3theilig, die weiblichen 2zähnig. Antheeren eine einzige kugelige Kammer bildend, sich durch einen kreisrunden Schlitz öffnend; Pollen stachelig; Beeren zusammengedrückt, fleischig; Cotyledonen sehr kurz; Blätter schuppenartig verwachsen. Blüthen axel- und endständig, einzeln oder zu mehreren; männliche 2—5-(meist 3-)theilig, zusammengedrückt oder die endständigen vor dem Oeffnen kugelig. Antheeren an den Lappen angewachsen, rund und einkammerig, mit kreisrundem Schlitze am Grunde aufspringend. Pollenkörner stachelig, weibliche Blüthen eiförmig zusammengedrückt, 2zähnig, fast sitzend und

theilweise eingeschlossen, der Stiel zuletzt verlängert, vorragend und zurückgekrümmt; Beeren fleischig, zusammengedrückt, aufspringend am ringsum-
geschlitzten Grunde. Cotyledonen sehr kurz, nur durch eine Kerbe ange-
deutet.

Parasitisch auf Coniferen. Kahl mit rechteckigen Zweigen und ver-
wachsenen schuppenartigen Blättern. Blüthen oft gehäuft, anscheinend Aehren
oder Rispen bildend; bei unseren Arten im Sommer oder Herbste blühend;
die Frucht im 2. Herbste reifend, wobei die Beeren plötzlich und kräftig
die klebrigen Samen auf mehrere Ellen auswerfen.

Eine kleine Gattung, in Süd-Europa nur durch eine Species repräsentirt,
in Amerika von der Nordgrenze der vereinigten Staaten bis Mexiko und in
die Gebirge verbreitet.

I. Männliche Blüthen alle oder fast alle terminal auf besonderen,
stielartigen Gliedern, rispig.

A. americanum. Nutt. [1]) Schlank, dichotom oder quirlig, reich ver-
ästelt, grünlich gelb; männliche Pflanzen zuweilen 3—4 Zoll lang, $1/4$ bis
1 Linie dick am Grunde; fertil viel kleiner; Blüthen klein, die männlichen
1 Linie breit oder mehr, mit eiförmig bis kreisrunden, spitzlichen Lappen;
die weiblichen $1/2$—1 Linie lang, Frucht 2 Linien lang. (Engelmanns Plantae
Lindheimerianae 214 u. Wheelers Report VI, 252.)

Nur auf Pinus contorta (und anscheinend Pinus Banksiana), (Saskatschewan)
von Wyoming bis Oregon und südlich bis Colorado und Californien. (Little
Yosemite Valley. von Bolander gesammelt.) Blüht meist im Herbste, aber
von Parry im Juli blühend um Wyoming gefunden; reift Aug.—Septbr.

Seine Schosse kriechen der Länge nach in dem Gewebe der Rinde auf
jungen Zweigen der Kiefer und treiben im Herbste aus in der Form kleiner
Knöpfe zwischen den Knospenschuppen an den Enden 3jähriger Triebe und
entwickeln sich im nächsten Jahre zu blühenden Pflanzen. Wenn sich die
Pflanze einmal festgesetzt hat, kann sie das Aussprossen aus derselben Basis
30 und mehr Jahre fortsetzen und verursacht eine Hypertrophie von Holz
und Rinde der Triebe, häufig bis zu deren schliesslicher Zerstörung.

Fruchttragende und blühende Zweige sieht man oft neben einander
im selben Quirl aber ohne Blätter tragende Zweige und niemals über einander.

Der Typus der Gattung Arceuthobium Oxycedri[2]) der alten Welt
ist diesem ähnlich, aber wie von allen amerikanischen Arceuthobien dadurch

---

1) Vergl. Taf. II, 6—13.
2) Vergl. Taf. II, 13.

verschieden, dass seine männlichen Blüthen alle terminal auf kurzen Aesten und meist zu 3 stehen, kaum 1 Linie breit sind, kreisrunde Lappen und viel kleinere Früchte haben, die weniger als $1\frac{1}{2}$ Linie lang sind. Das nordöstliche A. pusillum Peck. von den Adirondacs auf Picea nigra gehört auch zu dieser Section.

II. Männliche Blüthen axillär mit einer terminalen; einfache oder zusammengesetzte Aehren bildend.

a) Schlank, grünlich gelb, accessorische Zweige der Fruchtexemplare Blüthen tragend.

1. Arceuthobium Douglasii Englm.[1]) Aehnlich dem vorigen, aber kleiner, $\frac{1}{4}$—1 Zoll hoch, Zweige fast aufrecht, einzeln oder mit accessorischen Zweigen hinter wie neben den primären. Blüthen in kurzen, meist 5 blüthigen Aehren, die männlichen weniger als 1 Linie breit mit rundlichen, eiförmigen, spitzlichen Lappen; Frucht $2\frac{1}{2}$ Linie lang. (Wheelers Report VI, 253.)

var. abietinum Englm. eine grössere Form, 1—3 Zoll hoch, die fertilen kleiner, mit abstehenden oder selbst zurückgekrümmten Zweigen.

Männliche Blüthen $1\frac{1}{4}$ Linie breit, Frucht kaum 2 Linien lang. Auf Pseudotsuga Douglasii von Neu-Mexiko bis Süd- (Utah) und Nord-Arizona. Die Varietät auf Abies concolor in Sierra Valley (Lemmon) und in Süd-Utah.

Blüht im October. Verschieden von der vorigen durch seine gewöhnlich geringere Grösse, die über einander stehenden, niemals quirlig gestellten accessorischen Zweige, seitliche Blüthen und grosse Frucht.

Sein kriechendes Stroma treibt aus an der ganzen Länge der Zweige und nicht blos an den Knospenschuppen wie das vorige. Eine andere Varietät mit sehr kleinen Früchten wird auf Picea Engelmanni in Nord-Arizona gefunden.

b) Kräftige, grünlich braune, accessorische Zweige der Fruchtexemplare meist mit Blättern.

1. A. divaricatum Englm. Kräftiger als das vorige, 2—4 Zoll hoch und 1 Linie dick am Grunde; olivengrün oder blassbräunlich. Aeste abstehend, oft gebogen oder zurückgekrümmt. Männliche Blüthen wenig, zerstreut oder in 3—7 blüthigen Aehren,

---

1) Vergl. Taf. II, 1—6.

1 Linie breit mit eiförmigen, spitzen Lappen; Frucht 1½ bis 1¾ Linie lang. (Pl. Wheeler 1874 16 u. Wheeler Rep. VI, 253). Syn. A. campylopodum var. Englm. in Plant. Lindheim, 114.

Auf Pinus edulis und monophylla von Neu-Mexiko und Süd-Colorado bis Arizona und Süd-Utah. (Für vorige Species gehalten in Süd-Calif.) Blüht im August und September, in Grösse und Farbe die Mitte haltend zwischen A. Douglasii und der vorigen, aber gut charakterisirt durch seinen schlanken Habitus, spreizenden Wuchs und die kleinen, wenigen, männlichen Blüthen.

2. A. occidentale Englm. Kräftig, 2—5 Zoll hoch, 2—2½ Linien dick am Grunde, rispig, reichästig; männliche Pflanzen bräunlich gelb, kleiner, die weiblichen gewöhnlich dunkel-olivenbraun; männliche Blüthen immer lang, in dichten Aehren, oft 9—17 auf einer Achse; ihre Knospen bauchig mit dem oberen Rande auswärts gekrümmt. Kelch 3—5- (meist 4-)theilig, 1½—2 Linien breit. Antheeren sitzen unter der Mitte der lanzettlich zugespitzten Lappen. Frucht 2½ Linien lang.

var. abietinum Englm. mehr spreizend und weniger dicht ästig. Die access. Zweige an der fructificirenden Pflanze tragen fertile Blüthen sowohl als Laubknospen.

(Arc. arbiet. Englm. Proc. Amer. Acad., Bd. 8, S. 401.)

Auf verschiedenen Coniferen. Coast Ranges und Sierra-Nevada. Pinus insignis — Sabiniana — ponderosa von Sabinas Valley und Walkers Basin bis Oregon; es ist die einzige amerikanische Species die auch auf Juniperus gefunden wurde und zwar in Silber Mountains; die Varietät auf Abies grandis im Thal von Columbia. Blüht Aug. u. Septbr.

Das nah verwandte A. vaginatum Englm. (Viscum vag. bei H. B. K.) auf Kiefern der mexikanischen Gebirge (unvollständig gesammelt) hat kürzere Aehren und kleinere, meist dreitheilige männliche Blüthen mit breiten und kürzeren Lappen.

3. A. robustum. Englm. auf Pinus ponderosa in den Roky Mountains, hat kürzere Aehren als A. occid. mit kürzeren, flach angedrückten, männlichen Knospen; die 3 theiligen Blättchen öffnen sich im Juni, ihre kurzen und breiten Lappen tragen die Antheeren über ihrer Mitte. Von der einzig übrig bleibenden bekannten Species dieser Gattung sammelte Seemann auf der Sierra matre in Mexiko ein männliches Exemplar nur mit Knospen, das von allen anderen verschieden ist durch seine grössere Dicke und

durch die langen Aehren von grossen, quirlig gestellten, 4theiligen Blüthen (meist 6 in einem Quirl).

Es mag demnach den Namen A. verticilliflorum tragen.

Herr Dr. Mayr brachte reichliches Material besonders von Arceuthobium Douglasii auf Pseudotsuga Douglasii (Taf. II, 1—6) und Arceuthobium americanum auf Pinus Murrayana (Taf. II, 6—13) und ponderosa mit und überlies mir dasselbe zur Untersuchung.

Während Viscum album und Loranthus europaeus selbst wie Hexenbesen auf ihren Nährpflanzen aussehen, diese aber nur insofern deformiren, als sie bedeutende Anschwellungen derselben an der Anheftungsstelle verursachen, bewirken die besprochenen amerikanischen Arceuthobien ein gesteigertes Wachsthum der befallenen Triebe, welche langgestreckt und säbelig aufwärts gekrümmt erscheinen.

Nach den Angaben von Dr. Mayr sind die Douglastannen häufig so stark befallen, dass kaum normale Aeste an denselben zu finden sind, dass fast sämmtliche Zweige mit den Arceuthobien besetzt sind und dass in Folge der starken Besetzung durch den Parasiten die Bäume gipfeldürr werden und von der Krone herab absterben. Viscum album verursacht ja ebenfalls ein allmähliches Absterben der Krone, wenn es unterhalb derselben mehr Wasser und Nährstoffe verbraucht, als die Krone zu ihrer Existenz bedarf.

Häufig beobachtet man dagegen, dass die Krone von Tannen und Kiefern allein noch von Mistelbüschen gebildet werden, dass die Spitze selbst wie alle Aeste des Kronenendes von Mistelbüschen besetzt sind, so dass nur noch vereinzelte Nadeln oder auch gar keine mehr zu finden sind. In diesem Falle übernimmt die Mistel die Function der Belaubung, die Wasserleitung zu erhalten, vollständig. Tritt die Mistel in der Mitte der Zweige auf, so pflegen die Theile oberhalb der Ansatzstelle abzusterben.

Die Rindenwurzeln der gemeinen Mistel haben an jungen Zweigen keine bedeutende Längenentwickelung. An älteren Aesten und Stämmen freilich verbreiten sie sich oft über meterlange Strecken und entwerthen durch ihre Senkerbildung solche Stammstücke als Nutzholz, die Adventivknospen durchbrechen mit grosser Gewalt die Rinde und sprengen oft starke Borkeschuppen ab. Die amerikanischen Arceuthobien dagegen haben eine verhältnissmässig stärkere Längsentwickelung ihrer Rindenwurzeln und üben offenbar in den jungen wachsenden Zweigen einen solchen Reiz auf dieselben aus, wie es von vielen Pilzen bekannt ist, dass die Zweige ein gesteigertes Längenwachsthum erfahren, so dass förmliche Hexenbesen der Wirthspflanzen gebildet werden. Die localen Zweigverdickungen sind dagegen nicht so stark und kommen nur da vor, wo ganze Büsche von Arceuthobien-Stämmchen sitzen. Die Arceuthobien haben nämlich die Eigenthümlichkeit an der Stelle erster Infection jahrelang neue Zweige aus dem Stocke ausschlagen zu lassen, so dass ganze kleine Büsche entstehen, während die jungen Sprosse aus den Rindenwurzeln nur vereinzelt stehen, wenn auch sehr dicht beisammen (Taf. II, 6).

Je nach der Bildung von solchen Büschen accessorischer Sprosse, wie nach der Bildung von Adventivsprossen an beliebigen Stellen der Rindenoberfläche (Arc. Douglasii, Taf. II, 5, 12) oder nur zwischen den Knospenschuppen (an 3jährigen Trieben Arc. americanum, Taf. II, 7, 8) unterscheiden sich die verschiedenen Species.

Bei Arceuthobium Douglasii sind die Adventivsprosse aus den Rindenwurzeln am 2-, doch meist erst am 3- und mehrjährigen Trieb zu finden. Auch die Senker sind bis auf den 2. Jahresring zu verfolgen. Bei Seitenzweigen, welche ihr Längenwachsthum eingestellt haben, wächst das Arceuthobium weiter gegen die Endknospe und treibt seine Sprosse dicht unter derselben aus, so dass man glauben könnte, es halte mit dem Zweige im Wachsthum gleichen Schritt (Taf. II, 4). Mikroskopische Schnitte oder ein Abzählen der Jahrestriebe von der wachsenden Spitze des Hauptzweiges zeigen aber leicht, dass dies nur im Wachsthum stehen gebliebene Seitenzweige von 3- oder mehrjährigem Alter sind, welche bis ans Ende Mistelzweige tragen.

Arceuthobium Douglasii und americanum bilden zahlreiche subcorticale Rhizoide, welche besonders in der Längenrichtung des Stammes sich in Rinde und Bast verzweigen. Sie haben einen centralen Gefässtheil und einen peripherischen, parenchymatischen Theil.

Tangentialschnitte zeigen, dass die nebeneinanderstehenden Rindenwurzelzellen alle gleiche Höhe besitzen, also wie Solms-Laubach von denselben Zellen bei Arceuthobium Oxycedri sagt, stockwerkartig angeordnet sind.

Nachdem ich nun die Arbeiten des Grafen Solms-Laubach gelesen, finde ich völlige Uebereinstimmung in der Wurzelbildung von Arc. Douglasii mit Arc. Oxycedri, welch letzteres ich übrigens ebenfalls nachuntersuchte; das Material der Wachholdermistel war von dem k. k. Forst- und Domainenverwalter Herrn Schilling auf der Dalmatinischen Insel Meleda gesammelt und an Herrn Professor Hartig geschenkt worden. Arceuthobium Douglasii bildet wie jenes einfache Senker und solche mit Gefässtheil. Dieselben wirken spaltend auf das sie umwachsende Holz (Taf. II, 2). Da ihre Verbreiterung durch eine Zelltheilung in ihrer Längsaxe geschieht, so üben sie starken Druck auf die anliegenden Holzelemente aus. Die Wurzelbildung bei Arc. Oxycedri scheint kräftiger zu sein; ihrer Uebereinstimmung wegen mit anderen Arceuthobien verweise ich auf die Arbeiten von Solms-Laubach

Jahrb. für wissenschaft. Botanik von Pringsheim, VI. Bd. 1868, S. 615. Eine Gesetzmässigkeit in der Anlage der Senker wie sie R. Hartig bei Viscum album nachwies ist hier nicht zu beobachten, solange man nicht durch Infection die jüngsten Stadien zweifellos erhält, worin ich mit Solms-Laubach völlig übereinstimme.

Beifügen möchte ich nur, dass die grossen gefässreichen Senker nicht stets aus kleinen nach Einschluss in den Holzkörper entstehen, sondern dass auch grosse Aeste der Rindenwurzeln gegen das Cambium wachsen und so von Holz umgeben werden. Eine wahrscheinliche Auflösung der cambialen Zellen ist nicht mit Sicherheit nachzuweisen.

IV.

Japanische Loranthaceen insbesondere Loranthus Kaempferi.

(Hierzu Tafel III.)

In Deutschland haben wir eigentlich nur eine Loranthacee, die weisse oder nordische Mistel Viscum album, welche jedoch auch über ganz Europa und Asien verbreitet ist. In den österreichischen und südeuropäischen Ländern kommt eine zweite vor, die in seltenen verschleppten Exemplaren allerdings an zwei Stellen Sachsens bis jetzt auch vorgefundene und dort wohl noch leicht zu vertilgende Riemenblume Loranthus europaeus.

Ein dritter Repräsentant der Loranthaceen in Europa ist Arceuthobium Oxycedri von beschränkter Ausdehnung, im Mittelmeergebiet.

Diesen drei Loranthaceen Europas stehen über 300 der Tropen gegenüber, welche den Forstmann jedoch weniger interessiren, da bis jetzt eine Forstwirthschaft in dem Ueberfluss tropischer Vegetation noch nicht Noth thut. Englisch-Indien wird allerdings schon forstlich bewirthschaftet, aber die Intensität der Wirthschaft ist noch gering. Und doch hört man auch dort über die Ueppigkeit und Zerstörung der Loranthaceen und beispielsweise des Loranthus longiflorus viele Klagen.

Nordamerika mit seinen grossen Waldungen, deren schönste Zierden wir in gleichen Klimaten Europas anzubauen beginnen, birgt viele Loranthaceen und ist besonders reich an Arceuthobien.

Japan endlich, in der Holztechnik uns vielfach vorangeschritten und in der Forstwirthschaft und -Wissenschaft im Sturmschritt vorwärts eilend, hat nur durch einige wenige Loranthaceen zu leiden, welche Gegenstand unserer Betrachtung sein mögen.

Zunächst begegnen wir in Japan einem wohlbekannten Landsmann, **Viscum album,** welches trotz seiner grossen Einfachheit, doch so verschiedengestaltig unsere heimischen Waldungen, Obst- und Lustgärten bewohnt. In Deutschland auf einer grossen Anzahl von Bäumen schmarotzend, doch mit der Gegend oft die Holzart wechselnd, ist es durch ganz Europa, Asien (Indien) bis nach Japan verbreitet, in Amerika jedoch noch nicht beobachtet.

Wie in Europa, so bewohnt dieser Parasit auch in Japan eine grössere Reihe von Laub und Nadelhölzern, zeigt aber auch hier wieder verschiedene Liebhabereien, indem er in Japan Holzarten bewohnt, welche er in Europa verschmäht.

Franchet und Savatier geben über diese Pflanze folgende kurze Sätze an: 1454 Viscum album, L. sp. 1451 Thunb. Fl. Jap. p. 63 — Miq. Prol. p. 297. Hab. in truncis arborum: Nippon media, in monte Fudsi-Jama (Oldham) circa Yokaska (Savatier n. 553). Japonice: Phonzo zoufou, vol. 93, fol. 9 et 11. recto, sub: Inoki no Jadorigi — Baccae luteae. — Maximowicz (l. c.) schreibt: V. alb. — Miq. Prol. 297 — Maxim. Fl. Amur 134, 472. — Oliv. in Journ. Linn. soc. IX, 166. — Thbg. Pl. Jap. 63 verosimiliter, excl. syn. Kaempferi et statione. — V. Kaempferi S. Z. l. c. n. 397 excl. syn.

Kommt in ganz Japan vor. In Jezo, um Hakodate, Yuno-kawa, Nodafu häufig auf Eichen, Sorbus alnifolius und auf anderen Bäumen durchaus nicht selten; Nippon auf den Bergen Niko und Fudsi-yama, und häufig genug um Yokohama; Kiusiu um Nagasaki auf Pinus Massoniana seltener, häufiger auf den inneren Bergen Kunsko-san. (In der Mandschurei am südlichen Theil des Amur und dem mittleren und unteren Usuri sehr häufig; besonders auf Populus tremula und zwar so massenhaft, dass im ganzen Wald kaum ein Baum von ihm frei ist; oft beobachtete ich es auch auf Pyrus baccata, Populus suaveolens, Ulmus campestris, Betula alba, seltener auf Tilia cordata, einmal nur auf einer Weide. Seltener wurde es in den subalpinen Gebieten, jedoch bis an die' Grenzen von Korea gefunden.) (Im nördlichen China.)

Japanisch: Yado-riki d. h. Vogelpfeil-Baum, jap. sinice kisei. Die klebrige Frucht soll essbar und von süssem Geschmack sein, sie wird zur Bereitung von Vogelleim benutzt. In Nagasaki allgemein: mats' yadoriki d. h. Kiefernparasit, in Kundstosan: tobi ts' ta. Ganz wie die europäische Form variirt sie und ist bald breit- bald schmalblätterig. Nach dem Trocknen sind 3—5 Blattnerven leicht zu unterscheiden, während Candolle nervenlose Blätter angiebt. Die Früchte der asiatischen Pflanze, deren männliche Blüthen den europäischen durchaus ähnlich sind, deren weibliche nicht gesammelt wurden, sind reif grün — in Japan hellgelb (flavescentes), in der Mandschurei (lutescentes) saftgelb beobachtet.

Rein schreibt im ersten Bande seines Werkes „Japan" 1881 S. 170: „Castanea vulgaris zieht die sonnigen Berghänge vor, an denen sie nicht selten für sich lichte Bestände bildet. Sie ist dann meist auch der Träger der durch ganz Japan bis nach Sachalin verbreiteten Mistel (Viscum album), die ich auf Birnbäumen, Weissdorn und Eberesche, auf blattwechselnden

Buchen und Eichen (eine Seltenheit in Europa!), auf Wallnussbäumen und Eschen, sowie Erlen und Weiden beobachtet habe.

Anm. Die Beeren dieser Mistel, wie ich sie an zahlreichen Sträuchern auf Kuninaitôge Oct. 74 sah, sind am Anfang der Reife grünlich weiss, dann weingelb und zuletzt röthlich orange, so dass es möglicherweise trotz aller äusseren Aehnlichkeit mit Viscum album doch eine andere Art ist."

Mayr brachte Exemplare aus Japan mit, welche er auf Prunus pseudocerasus bei Yoshino, auf Fagus sylvatica auf dem Berge Koshasan, auf Quercus crispula, dentata, glandulifera, auf Castanea vesca bei Kisso (auch einige aus Indien von Choknata) sammelte.

Nach diesen Angaben kommt also Viscum album in Japan auf 21 verschiedenen Holzarten, worunter 3 Eichen, vor und wird sicher noch auf vielen nicht aufgezählten Bäumen oder Sträuchern zu finden sein. Auffallend ist, dass Pinus Massoniana als einziges Nadelholz unter den Wirthspflanzen der Mistel genannt wird, da dieselbe hier auf den Tannen und Kiefern so besonders häufig vorkommt.

Abweichend von dem Vorkommen der Mistel in Europa ist das häufige Erscheinen auf Quercus, Castanea, Fagus, Alnus. Auf deutschen Eichen kommt Viscum bekanntlich äusserst selten (s. Willkomm. S. 288)[1], dagegen auf einigen amerikanischen Eichen in Deutschland wie z. B. auf Quercus palustris in Dresden vor, für Buche und Erle existiren keine Belegstücke.

Auf Castanea vesca fehlt Viscum ebenfalls bei uns. Nobbe citirt zwar die Angabe von Dr. Scribe, wonach die Mistel auf Castanea vesca bei Heidelberg in Menge vorkomme; doch haben mir persönliches Suchen nach derselben wie Erkundigung bei dem gesammten dortigen Forstpersonal das Gegentheil bestätigt.

Auf Alnus wird sie nur einmal in England angegeben. Auf der Esche soll sie nach Nobbe nicht selten vorkommen, doch konnte ich sie niemals auf derselben finden.

Die Wurzelbildung von Viscum album ist aus den Arbeiten R. Hartig's bekannt. Das Charakteristische besteht in der regelmässigen Anordnung der Senker an den Rindenwurzeln, welche mit pinselförmig aufgelöster Wurzelspitze ausserhalb des Cambiums in der jungen Bastregion parallel der Zweigachse sich ausdehnen und nach aussen Wurzelbrutknospen bilden.

Die forstliche Bedeutung derselben beruht darauf, dass Senkerbildung am Stamme die Nutzholztüchtigkeit verringert, Büsche in der Baumkrone ein Zurückgehen und Absterben dieser wie des ganzen Stammes verursachen

---

1) Ueber die Mistel, ihre Verbreitung, Standorte und forstliche Bedeutung. Von Nobbe. Tharander forstl. Jahrbuch 1884.

können. Die gelegentliche Nutzung zu Viehfutter, Wildäsung und zur Bereitung von Vogelleim können den Schaden nicht gut machen.

Eine zweite Loranthacee ist **Viscum articulatum** (Taf. II, Fig. 14—17), welches Japan mit vielen anderen Ländern gemein hat; während aber Viscum album unseren europäischen Klimaten angehört, fällt diese Mistel den Tropen zu. Rein spricht sich über dieselbe aus, indem er sagt (S. 186): „Dagegen müssen wir hier als durchaus tropische Formen noch mehrere Parasiten erwähnen, welche sich von ihrer Heimath im malayischen Archipel bis in das südliche Japan verbreitet haben. Es sind dies Viscum articulatum Burm. (V. Opuntia Thbg.), Loranthus Jadoriki S. u. Z., Luisia teres Bl. (Epidendrum teres Thbg.), Malaxis japonica Fr. u. Sav.

Die interessante, blattlose Mistel (Viscum articulatum Burm.) mit ihren flachen, gegliederten und gabelförmig sich theilenden Aesten erinnert in ihrem Habitus an manche Cacteen. Ihre Heimath erstreckt sich über die Bergwaldungen Vorder- und Hinter-Indiens, der malayischen Inseln und des wärmeren Australiens, Süd-Chinas und Japans. Ihre Wirthe sind theils periodisch- theils immer-grüne Bäume und Sträucher aus sehr verschiedenen Familien. Im südlichen Japan hat man sie bisher nur auf Symplocos, Litsaea und Eurya gefunden, ich kann hinzufügen, dass sie in Satsuma auch auf den Aesten der Camellia japonica vorkommt.“

Franchet et Savatier geben an: Viscum articulatum Burm. Fl. Ind. p. 311. — Miq. Prol. p. 297. V. opuntia Thunb. Fl. Jap. p. 64, Viscum japonicum Thunb. Observ. on the fl. Jap. in Trans. Soc. Linn. vol. 2, p. 329. Wächst parasitisch auf Baumzweigen. In Japan sammelten es Bürger, Oldham und Tanaka (Savatier n 552) ohne Fundortsangabe. Japanisch: Hino kiwa; Jadoriki (Tanaka).

Icon. Jap. — Phonzo zoufou, vol. 93, fol. 14. verso, sub. Skia. ots' noki.

Maximowicz: V. articulatum Burm. Bth. l. c. — Miq. l. c. 297. V. moniliforme Bl. DC. Prodr. IV. 284. — Wight. Icon 1018. 1019. — V. Opuntia Thbg. Fl. Jap. 64. — V. japonicum Thbg. Fl. Jap. nov. resp. Wallström 5 et Icon. Wächst in Kiusiu, um Nagasaki (Thunberg), häufig auf Eurya japonica, Ligustrum japonicum, Symplocos japonicum, Ilex. Die Glieder sind kurz und schmal. (V. moniliforme Bl. auf der Insel U-sima (Wright!) archipel. Bonin (Small!) mit der japanischen Pflanze übereinstimmend. (In China v. gr. Amoy [de Grigs] — (mit starken grossen Gliedern), Hongkong (aus Bentham) und ausserdem durch den Malayischen Archipel und Indien.

Japanisch: Hizakaki yadoriki d. h. Parasit der Eurya.

Anm. Das in Brasilien in Fl. Bras. 1868 von Eichler beschriebene und abgebildete Viscum ist Viscum articulatum Pohl Mscr.! nec Burm! syn. Viscum tunaefolium DC.

Chatin beschreibt Viscum articulatum in seiner Anatomie comparée des Végéteaux, Bd. I, S. 439 und giebt Bd. II, S. 82 Abbildungen von Stammquerschnitten und Längsschnitten. Als Standort führt er Java (auf Annona) an.

Herr Dr. Mayr brachte Exemplare aus Japan mit auf Ligustrum japonicum und auf Camellia japonica?

Soweit es das getrocknete Material zuliess, suchte ich mich über den Wurzelbau dieses kleinen Viscum zu orientiren (Taf. II, 14—18). Viscum articulatum hat weder epicorticale noch intracorticale Rhizoide, die Pflanze sitzt ihrem Wirthe nur an einem kleinen Punkte auf und verursacht an der Anheftungsstelle eine kleine Anschwellung. Da die Samen wohl besonders leicht in den Blattachseln gleich Regentropfen und durch diese feucht gehalten haften und keimen, so sieht man die Viscumpflanze häufig aus den Blattachseln des Liguster entspringen. Die Anheftungsorgane bilden eine einfache Wurzelscheibe, welche genau in der cambialen Region der Wirthspflanze wachsend, deren Zweig zwischen Holz und Bast wie ein aufgestülpter Glockentheil auf bestimmter Fläche umfasst. Da das Wachsthum im Cambium und nicht im Jungholze stattfindet, entstehen nicht wie bei Loranthus europaeus[1]) in stufenförmiger Weise neue Wurzelspitzen, sondern nur eine schiefe Ebene von den älteren Viscum-Wurzeltheilen zur wachsenden Spitze.

Die weiteren Loranthaceen von denen mir kein Material zu Gebote steht, kann ich hier nur kurz berühren, es ist dies

Loranthus Jadoriki und Loranthus(?) Tanakae. Beide beschreibt Franchet et Savatier, den ersteren auch Maximowicz.

Loranthus Jadoriki kommt auf der Insel Kiusiu in der Provinz Simabara (Siebold) bei Oyo auf Quercus glauca häufig vor; ebenso auf Eichen auf der Insel Usima. Japanisch heisst er Jadoriki d. h. Vogelpfeilbaum, Tori motsi Kadsura d. h. auf Ilex kriechend (Siebold) bei den Landleuten: Kino doku d. h. Gift der Bäume.

Icon. Jap. — Phonzo zoufou vol. 93 fol. 13 verso.

Rein sagt: „Loranthus Jadoriki wurde zwar bisher nur auf der Insel Kiushiu gefunden, wo er Ilex und Quercus (Q. acuta) bewohnt, dürfte sich aber ebenfalls weiter nach Süden erstrecken." Die Beschreibung des Loranthus muss bei Franchet et Savatier und Maximowicz nachgelesen werden.

---

1) R. Hartig, Zur Kenntniss von Loranthus europ. und Viscum album. Zeitschrift f. d. Forst- und Jagdwesen, 1876.

Ebenso verweise ich auf die ganz kurze Bescchreibung von Loranthus(?) Tanakae bei Franchet et Savatier, welcher weder Fundort noch Wirthspflanze beigefügt ist.

Loranthus Kaempferi auf Pinus densiflora.

(Hierzu Tafel III.)

In der Aufzählung der in Japan wild wachsenden Pflanzen von Franchet et Savatier finden wir im I. Bd. vom Jahre 1875 Viscum album L., Viscum Kaempferi D. C. und Viscum articulatum Burm. Zu diesen gesellen sich im II. Bande vom Jahre 1879 noch Loranthus Yadoriki Sieb. und Loranthus (?) Tanakae.

Von Viscum Kaempferi heisst es dort:

„Viscum Kaempferi DC. Prod. IV. p. 285, Kaempf. Amoen. exotic. p. 785. — Miq. Prol. p. 367 n. 520. — Es wird von Kaempfer auf Tannenzweigen in der Provinz Mikáwa zwischen Goju und Akasakka auf Lärche (laricetto) angegeben, während Keiske es ohne Anführung des Fundortes auf Pinus Massoniana (herb. Lugd. Bat. et Siebold. steril) angiebt, während Tanaka (im Herbar Franchet) und ein japanischer Botaniker (im Herb. Acad. Petrop. unter dem Namen Matsu-no-gomi (i. e. Elaeagnus Pini) v. Matsu-no-yadoriki (scil. Parasita Pini) Exemplare einlegten. — Ferner wurde es auf der Insel Sikok auf Abies firma (Rein in Savatier n. 2618), Icon Jap. — und in Phonzo zoufou vol. 93, fol. 12 verso in Pino Thunbergii als Ts'ke Matsu angeführt.

In Japan geht es unter dem Namen Gomi maatz d. h. Lärchenmistel."

Anm. Nachdem matsu die Kiefer heisst und zwar Kuro-matsu die Schwarz-Kiefer (Pinus Thunbergii), Aka-matsu die Roth-Kiefer (Pinus densiflora), welche besonders von dieser Mistel befallen wird, und Kara-matsu die chinesische Kiefer oder Lärche (Larix leptolepis) heisst, so wird unter Gomi-maatz wohl auch mehr die Kiefern-Mistel gemeint sein.

Herr Dr. Mayr, dessen Güte ich das mir vorliegende Blatt, Früchte und Wurzeln tragende Material verdanke, sammelte dasselbe in der Provinz Bingo in Japan auf Abies Momi Sieb. (Abies firma Sieb. et Zucc.) und massenhaft auf Pinus densiflora. Die Exemplare wurden von Dr. Mayr im April und Mai 1886 abgeschnitten. Nach diesem Materiale in Vergleichung mit den Angaben über Viscum Kaempferi durch Maximovicz „Diagnoses plantarum novarum Japoniae et Mandshuriae" Decas XX (Melanges biologiques IX, S. 609) 1876 gebe ich die folgende Beschreibung:

Viscum Kaempferi bildet einen kleinen Strauch, welcher bis zu 2 Fuss Durchmesser erreicht. Die Zweige dieses Busches sind reichlich mit kräftigen Lenticellen versehen. Die älteren Zweige haben eine dunkle, graue Farbe und starke Korkbildung, die jungen Triebe sind dunkelroth. An den äussersten Triebspitzen (Fig. 5a—b) sitzen Schuppen (Taf. III, 6), welche diese Spitzen unter der Loupe etwas wollig erscheinen lassen. Die Knospenstellung ist undeutlich decussirt, indem die zwei Zweige desselben Quirles nicht genau auf derselben Höhe stehen.

Der Strauch ist immer grün. Die die ganzen Zweige besetzenden Blätter (Fig. 2, 4), sind von sehr verschiedener Grösse; im Durchschnitt fand ich sie 25—35 mm lang und 5—8 mm breit. Die beiden Blättchen des auf dem Kiefernaste hinkriechenden Mistelzweiges (Fig. 1) waren 8 bis 10 mm lang und 3—4 mm breit. Die Blätter erreichen die grösste Breite im letzten Drittel ihrer Länge, sind sanft abgerundet und laufen schwach keilförmig gegen den Blattstiel zu; dieser ist etwa 3—4 mm lang. Die Blätter besitzen eine tiefdunkelgrüne Farbe, sind lederig und haben einen nur schwach sichtbaren Mittelnerv. Der Blattrand ist einfach und gleichfarben. Zahlreiche Spaltöffnungen bedecken die Blattfläche.

Betreff der Blüthe, welche meinem Materiale fehlt, halte ich mich ganz an die Beschreibung, welche Maximovicz l. c. nach einer japanischen colorirten Handzeichnung giebt („figura japonica manupicta plantae florentis in collectione iconum Sieboldiana [nunc Acad. Petrop.]“): „Die Blüthe ist roth, selbst 15 mm lang, mit dunkelrothem, 3 mm langem Ovarium, einer 3 mm dicken aufrechten Röhre; aufgeblüht ist sie in der Mitte etwas aufgeblüten. Die 6 Saumzipfel sind mehr als doppelt so kurz wie die Röhre. Der fadenförmige Griffel ragt so weit hervor wie die Zipfel. Der Blüthenstiel theilt sich in 2—3 fast ebenso lange Stielchen, welchen die Blüthe aufsitzt. Die Blüthenstiele sind 4—5 mm lang. Die runden Brakteen unter dem Ovarium sind geschlitzt. Die Kelchzähne niedergedrückt, 4eckig, abgestutzt. Die Blüthenknospen höckerig, oblong. Die Kronenlappen sind lineallanzettlich, sehr spitz und zurückgebogen; der Griffel ragt aus der Röhre heraus.“

Die Frucht ist eine runde Beere (Fig. 3) von 5 mm Durchmesser. Sie ist warzig, carminroth und mit 6 Kelchzipfeln gekrönt. Die Beere ist von einer einseitig nach aussen verdickten Epidermis (Epicarp) bedeckt. Sie enthält einen Samen mit äusserst starker Samenschale, aus kleinen, rundlichen sklerenchymatischen Zellen bestehend. In der nächsten Schicht unter der Epidermis finden sich zahlreiche Nester von Steinzellen. Das übrige (Endo- und Mesocarp) Pericarp ist weich und Viscinhaltig. Die Beeren werden daher in Japan zur Bereitung des Vogelleimes benutzt. Sie reifen im Winter und sitzen im Frühjahr noch den Zweigen auf. Ihre Verbreitung geschieht wie bei den Beeren von Viscum album durch Drosselarten. Rein schreibt über das Vorkommen derselben in Japan: Unsere Schwarzamsel und Singdrossel fehlen, aber eine ganze Anzahl anderer Turdus-Arten (tsugumi) bewohnen das Land und kommen den Winter über gleich einem Staar (Sturnus cinereus) und einer sehr häufigen schieferfarbenen Taube (Columba intermedia Bp.), der Jama-hata, zahlreich nach den Bäumen und Gebüschen in der Nähe der Wohnungen.

Das Holz besteht aus einer Grundmasse von Sklerenchymfasern, in welche Gefässgruppen und mehr vertheilt Holzparenchym eingebettet sind. Sämmtliche Zellen haben sehr dicke Wandungen. Die Hoftipfel der Gefässe sind dadurch auffallend, dass bei sehr bedeutendem Linsenraum des Tipfels nur ein ganz enger, cylindrischer Canal durch die dicken Wände die Trachäen mit einander verbindet.

Wie das Holzparenchym und die Markstrahlzellen, so enthalten die Markzellen viel Stärke. Das Mark enthält Steinzellen, welche im Markstrahl nicht gefunden wurden. Crystalle fehlten. Bast und Rinde sind reich an Steinzellen, grössere Gruppen mit weitem Lumen voll gelbgrieseligen Inhalte sind besonders den Markstrahlen vorgelagert.

Auch die noch zu besprechenden Wurzelstränge haben Gefässe und Fasern.

Am auffallendsten und interessantesten an dieser Species dürfte das Wurzelsystem sein, welches ich an Pinus densiflora untersuchte.

Die Wurzelbildung geschieht in der Art, dass ein konischer Zapfen vom Stamm in die Nährrinde getrieben wird (Fig. 15, 16), derselbe hat in seiner centralen Parthie einen Gefässtheil, welcher jedoch die Spitze des Keiles nicht erreicht; diese wird vielmehr von einer Schicht parenchymatischer zarter Zellen gebildet, welche von grossen Stärkekörnern strotzen.

Eichler trennte in „Martii Flora Brasiliensis 1868" subcorticale und epicorticale Rhizoide, indem er die Wurzeln der Loranthaceen in der Rinde der Nährpflanze schon wegen des Mangels einer Wurzelhaube nicht als echte Wurzeln gelten liess. Dieselben sind bei Viscum album, Arceuthobium etc. genau bekannt, sie bilden häufig nach innen Senker, nach aussen Adventivknospen, welche die Rinde durchbrechen und sich zu normalen Zweigen entwickeln. Die zweigähnlichen epicorticalen Triebe mancher Loranthaceen gelten schon wegen der Haustorienbildung und Blattlosigkeit nicht für echte Sprosse.

Chatin (Anatomie comparée des Végétaux 1862) bildete einen ihm unbekannten Loranthus aus Rio Janeiro auf Citrus ab, dessen lange epicorticale Rhizoide an den Berührungsstellen mit dem Citruszweige ihre Haustorien unter gegenseitiger Ueberwallung gegen das Holz des Nährastes treiben. Solms-Laubach wies 1868 (Ueber den Bau und die Entwicklung parasitischer Phanerogamen in Jahrbücher für wissenschaftl. Botanik von Pringsheim) auf diesen Fall kurz hin. Im selben Jahre erschienen die Abbildungen und Beschreibung von Loranthaceen mit epicorticalen Rhizoiden durch Eichler in Martius Fl. Bras. Im Jahre 1874 kam Solms-Laubach in einem Referate über „Notes on Horticulture in Bengal no 2, Loranthaceae, the Mistleto Ordre, their germination and mode of attachments, in Journal of the Agricultural and Horticultural society of India, Vol. II, Calcutta 71, von John Scott" in der bot. Zeitung S. 129 auf diese Verhältnisse zurück und besprach besonders die epicorticalen Rhizoide von Loranthus longiflorus und Elytranthe globosus von 8—10 Fuss Länge. 1877 endlich schrieb Solms „das Haustorium der Loranthaceen" in Abh. d. ntrf. Ges. zu Halle, Bd. XIII, Heft 3 und bildete ausser verschiedenen Haustorien auch ganze Rhizoide von Loranthus globosus und anderen Species ab.

Die Rhizoide entspringen nun entweder wie die Abbildungen von Solms für Loranthus globosus oder die von Chatin Taf. LXXXV für Loranthus sp. von Rio oder mir vorliegendes Material von Loranthus longiflorus zeigen, von der Basis der primären Anheftungsstelle (die Rhizoide von Loranthus longiflorus schlingen sich bei den von Dr. Mayr mitgebrachten Exemplaren um die verdickte Anheftungsstelle und trieben sogar in das eigene Gewebe ihre Haustorien) oder bilden Verzweigungen solcher Rhizoide, tragen aber keine Zweige. In gleicher Weise verhalten sich Oryctanthus ruficaulis und scabridus nach den Abbildungen Eichlers l. c.

Andere Rhizoide, wie sie Eichler für Struthanthus flexicaulis, compressus, confertus, concinnus, marginatus, Oryctanthus botryostachys abbildete, erscheinen als Luftrhizoide an verschiedenen Theilen der Zweige und setzen sich theilweise mit Haustorien fest; doch zeigt schon Struthanthus compressus, dass auch ohne längere Rhizoide Haustorien vom Loranthusstamm ausgebildet werden cfr. Taf. 21 l. c.; dass also das Rhizoid und Haustorium in eins verschmolzen sind. Dieser Fall ist besonders häufig bei dem vorliegenden Viscum Kaempferi. Wir sehen nach der Luftseite Laubzweige, nach der Wirthseite Haustorien vom Stamm des Parasiten gebildet.

Selbst die zartesten 1—2 mm dicken, auf dem Wirthsaste hinkriechenden Triebe tragen Knospen und beblätterte Zweige und auf der anderen Seite Haustorien (Fig. 1, 7). Sie sind in den jüngsten Theilen schön carminroth und werden später grau. Ihre Oberfläche ist von zahlreichen Lenticellen bedeckt.

Die jüngsten Wurzeln (Haustorien) verästeln sich in der Rinde etwa wie eine vielfingerige Hand über das Holz hin (Fig. 21). Die ersten Verästelungen nehmen nach verschiedenen Richtungen an Grösse zu, ohne dass sie in das Holz eindringen könnten. Die jüngsten Theile dieser verästelten Wurzelscheiben bestehen aus länglichen parenchymatischen Zellen und verjüngen sich gegen das Ende bis zu wenigen Zellbreiten (Fig. 29).

Das Wachsthum dieser Wurzeln ist ein sehr schnelles, was man aus den Theilen sieht, welche von einem Jahrring Holz eingewachsen wurden (Fig. 10).

Bei dem weiteren Wachsthum der Kiefer werden die unter dem Kieferncambium ausgebreiteten Wurzeln vom Holz der Pinus umwachsen; ja der Dickenzuwachs der Kiefer kann so stark sein, dass selbst der ganze auf dem Nähraste aufliegende Loranthuszweig eingeschlossen wird. Die Wurzeln haben eine stärkere Ausdehnung in der radialen und peripherischen Richtung derselben Querzone als in der Längenrichtung des Stammes, in welcher sich nur kleine Seitenzweige ausdehnen. Letztere findet man bei Querschnitten häufig angeschnitten als runde Scheiben mitten im Holze, dessen Entstehung als Ueberwallungsholz an solchen Schnitten nicht auffällt, so dass man den Eindruck hat, als wüchsen die Wurzeln im Holz, dasselbe auflösend wie Pilzfäden (Fig. 12). Da die Verzweigung der Wurzeln des Parasiten in der Kiefernrinde stattfindet, so werden mit den mehr weniger der Cambialschicht parallelen Wurzelästen auch die ausserhalb derselben und durch dieselben vor einem weiter Hinausschieben (durch die gewöhnliche cambiale Thätigkeit) geschützten Rindeparthien der Kiefer überwallt.

Bei der ja schon sehr früh (etwa vom 5. Jahre an) und schon an dünnen Aestchen der Kiefer beginnenden Bildung der Borkeschuppen sollte man glauben, dass die Bewurzelung des Viscum Kaempferi zu Grunde gehen müsste. R. Hartig, welcher die Wurzelbildung von Viscum album und Loranthus europaeus im Jahre 1876 „Zur Kenntniss von Lor. europ. und Viscum alb. mit 1 Taf., Zeitschr. f. d. Forst- u. Jagdwesen, S. 321!“ einer eingehenden Untersuchung unterzog, schreibt in seinem Lehrbuch der Baumkrankheiten 1882, S. 19 von Viscum album „Die Lebensdauer der Senker und der Rindenwurzeln hängt fast allein von der Holzart und dem Eintritt der Borkebildung derselben ab. Bäume mit lange Zeit glatt bleibender Rinde wie z. B. die Weisstanne besitzen zuweilen Senker von 10 cm Länge und 40jährigem Alter. Die gemeine Kiefer dagegen, deren äussere Bastschichten früher der Borkebildung verfallen und absterben, während aus dem Cambium schneller Ersatz neuer Bastorgane stattfindet, zeigt selten Senker von mehr als 3—4 cm Länge und 12—15jährigem Alter. Dieser Zeitraum genügt, um die anfänglich sehr nahe der Cambiumzone verlaufende Rindenwurzeln mit dem sie umgebenden Bastgewebe soweit nach aussen zu drängen, dass sie der Borkebildung verfallen.“

Bei dem feinen Haustorium, welches Viscum Kaempferi in den Zweig von Pinus densiflora gesenkt hat, tritt bei der Borkebildung kein Absterben ein, weil einerseits die verästelte Wurzelscheibe auf dem Holze aufliegt und nicht wie die Rindenwurzeln der gemeinen Mistel in der Rinde läuft. Die seitlichen Verästelungen der Wurzeln werden offenbar in der Cambialschicht der Kiefer gebildet, wenn sie auch an Dimension stärker sind als die Cambialschicht an Zellen ist. Die verschiedenen Abbildungen mögen diese etwas complicirten Verhältnisse klarlegen (Taf. III, 7, i. l. Taf. IV, 19, ferner Taf. III, 13, 14). Andererseits aber leidet der eigentliche Hauptstrang des Haustorium, welcher den epicortalen Ast mit der subcorticalen Wurzelscheibe verbindet, nicht bei der Borkebildung, weil dieselbe um ihn herumgreift, so dass er wie in einer steifen Umhüllung steckt. Er lässt sich herausnehmen, so dass die Borkeschuppe ein einfaches rundes Loch aufweist, die Borkeschuppe kann man aber auch so wegbrechen, dass er unverletzt freigelegt wird (Fig. 16—20). Es lässt sich hieraus auch schliessen, dass in dem Haustorium eine cambiale Zone existirt, welche für die fortwährende radiale Verlängerung der Wurzel in Rinde und Borke sorgt.

Eine genauere Untersuchung dieser feinen Verhältnisse war leider nicht möglich, da mir nur trockenes und kein Alkoholmaterial zu Gebote stand und weil dasselbe während des Transportes durch einen Pilz mit äusserst robustem grauen Mycel viel gelitten hatte.

Zum Vergleich mit Loranthus longiflorus, welchen Solms-Laubach l. c. beschreibt, habe ich (Taf. IV, Fig. 20) ein Haustorium gezeichnet, dasselbe wird überwallt, bildet aber keine Verästelungen. Das anfangs konische Haustorium sitzt in der Ueberwallung wie in einer Schüssel und allmählich bilden sich bedeutende Holzrosen.

Die rothen Blüthen und Beeren, die in der Jugend ebenfalls rothen, später grünen, korkbildenden Zweige, die lederigen und undeutlich einnervigen Blätter, wie ganz besonders die eigenthümliche Art der Bewurzelung sind charakteristische Merkmale dieser Species, welche vor einer Verwechselung mit anderen schützen.

So ist nicht anzunehmen, dass Viscum Kaempferi eine Varietät von Viscum album oder gar mit demselben identisch sei und der Satz bei Franchet et Savatier l. c. „Espèce, qui n'est peutêtre, qu'une variété de la Viscum album" verliert seine Bedeutung.

Maximovicz stellt diese Species zu Loranthus und zunächst dem L. cuneatus Heyne! Wight Fl. Pen. Ind. or. I 385, Hook. Compan. Bol. Mag. I, t. 13; von dem sie jedoch genügend unterschieden wird. Derselbe bespricht auch die Angaben De Candolle's, Thunberg's und Miquel's, Siebold's und Zuccarinis über Viscum album und Viscum Kaempferi.

V.

Neue parasitäre Pilze aus dem Bayerischen Walde.

1. Trichosphaeria parasitica Hartig auf Picea excelsa.

(Hierzu Tafel IV, Fig. 18.)

Auf einer forstlichen Studienreise im Sommer 1886 durch den bayr. Wald, Norddeutschland und Seeland konnte ich das Auftreten und die Verbreitung vieler Baumkrankheiten beobachten, welche mir aus R. Hartig's Untersuchungen und theilweise aus unserer näheren Umgebung bekannt waren. Die Fundorte und Beobachtungen habe ich in einem kleinen Aufsatze in der allgem. Forst- und Jagdzeitung März-Heft 1887 veröffentlicht.

Eine Tour im Sommer 1887 durch den bayr. Wald liess mich frühere Beobachtungen ergänzen und einige neue Funde machen, von denen im Folgenden die Rede sein soll.

Anfang August 1886 marschirte ich zwischen Spiegelau und Frauenau nach Zwiesel. Die Landstrasse zieht sich hier zwischen einem älteren Mischwalde von Fichten und Tannen hin, welcher an beiden Rändern gegen die Strasse sich dicht. verjüngt hat, so dass der Jungwuchs stufenförmig von der Strasse über die Böschung nach dem alten Bestande an Grösse und Alter ansteigt und dem Bestande meist horstweise unterstellt ist. Die zahlreichen jungen Tannen an der Strasse waren besonders in den unteren Parthien dicht überzogen von dem weisslichen Geflecht der Trichosphaeria parasitica und in charakteristischer Weise hingen die abgestorbenen Nadeln von den befallenen Zweigen herab, nur durch die feinen Mycelfäden noch angeheftet.

Beim Sammeln schöner Exemplare kam mir unwillkürlich der Gedanke, ob nicht vielleicht dieser Parasit auch einmal auf der Fichte vorkommen könne, wozu hier bei der reichlichen Mischung die beste Gelegenheit geboten war, oder ob er auf der Fichte durch die an dieser Stelle allerdings fehlende, sonst aber durch den ganzen bayrischen Wald überaus häufige Herpotrichia nigra ganz vertreten sei. So widmete ich denn auch den Fichten mein

Augenmerk bis ich einige Jungwüchse erblickte, welche ganz wie von Mehl bestäubt aussahen, so dass ich annahm, es habe sich Chausseestaub[1]) auf den Nadeln festgesetzt; eine recht häufige Erscheinung. Bei näherer Betrachtung bemerkte ich jedoch, dass alle Fichten, welche den weissen Staub an den Blättern trugen, an den jungen Trieben erkrankt waren d. h. die Zweige dieses Jahres waren von ihrer Basis bis gegen die jüngsten Parthien hin gebräunt, die Nadeln todt, braun verschrumpft und nach verschiedenen Richtungen weghängend. Die jüngsten Nadeln waren jedoch meist noch frischgrün, gesund und grösstentheils ohne die weisse Bedeckung. Die älteren vor- und mehrjährigen Nadeln waren dagegen bestäubt und zwar besonders auf der Unterseite. Eine Betrachtung mit der Loupe zeigte, dass kein Staub, sondern eine feine Haut durch Hyphengeflecht gebildet die weisse Farbe hervorrief. Da die Reise fortgesetzt werden musste, konnte kein Material lebend erhalten werden.

Vorstehender Bericht wurde nach Beendigung der Reise und nach Untersuchung des conservirten Materials geschrieben. Es hatte die mikroskopische Untersuchung nur ergeben, dass Früchte nicht zu finden waren, dass die todten und kranken Nadeln von Mycel üppig durchwuchert und dass sie von einem lockeren, fädigen, weissen Mycel dicht umsponnen waren. Bei meiner diesjährigen Tour im September besuchte ich denselben Ort wieder und fand alsbald viele kranke Fichten. Auffallender Weise hatten nicht alle kranken Fichten den weissen Reif, den ich allerdings auch nicht auf gesunden Exemplaren finden konnte. Genauere Untersuchung lebenden Materiales lässt vermuthen, dass der weisse, mehlige Ueberzug, welcher durch ein dichtanliegendes, zartes Pilzgeflecht hervorgerufen wird, nicht zu dem Pilz gehört, welcher den Tod der Nadeln verursachte und welcher ein leichtes, lockeres Hyphengeflecht darstellt. Im Feuchtraum entwickelte sich der letztere sehr üppig und breitete sich schnell auf die gesunden Nadeln aus, während der weisse Ueberzug, der auch die Zweige und Knospenschuppen bedeckt, bis jetzt ziemlich unverändert blieb.

Der Parasit macht auf den Nadeln lokale Pilzlager, die häufig wie ein pallisadenförmiges Parenchym auf der Nadel ruhen. In die Cuticula werden kurze Haustorien entsendet, welche jedoch die Epidermis nicht durchbrechen; später wächst das Mycel besonders durch die Athemhöhlen in das Innere der Nadel und tödtet sie vollständig. Die Nadeln hängen nicht so charakteristisch wie bei den Nadeln der Tanne, welche von Trichosphaeria parasitica

---

1) Auf einige Entferung ist Strassenstaub von Mehlthau (Erisyphe-Arten) ebenso schwer zu unterscheiden wie Steinkohlenstaub von Russthau (Fumago-Arten). Die Gärten unserer Stadt zeigen im Sommer bei gutem Wetter die erstere, nach Regen die letztere Erscheinung.

getödtet wurden, nach der Unterseite herab, sondern stehen theils nach verschiedenen Seiten ab, theils sind sie mehr weniger dicht anliegend an den Zweig festgesponnen.

Nach der ganzen Wuchsform des Pilzes, seinem parasitären Auftreten, seiner Haustorienbildung dürfte anzunehmen sein, dass er ein nächster Verwandter der Trichosphaeria parasitica oder gar mit derselben identisch sei.

Früchte waren auch in diesem Jahre nicht vorhanden. Haben wir es mit dem eben genannten Pilze zu thun, so ist sein Vorkommen auf der Fichte, welches ich trotz vielen Suchens sonst nirgends finden konnte, immerhin interessant genug, um genannt zu werden.

Die gewöhnliche Trichophaeria parasitica mit dem ganzen charakteristischen Auftreten fand ich in diesem Sommer (Juli) in den Kurgärten von Baden-Baden auf Tsuga canadensis, wodurch sich die Wirthe des Parasiten abermals vermehrt haben. In den ausgedehnten Tannenwaldungen um Baden-Baden wie durch den ganzen Schwarzwald fand ich überall diesen Pilz der Tanne, während die Verwandte Herpotrichia nigra an der Fichte nur in den höheren Lagen beim Mummelsee, auf der Hornisgründe, bei Sct. Blasien, bei der Herrenwies zu finden war; nur einmal fand ich dieselbe von der Fichte auf einen Latschenast auf der Hornisgründe gewandert, während sie in den bayerischen und tyroler Alpen massenhaft auf der Krumholzkiefer vorkommt, dagegen fehlt sie auf dieser Holzart im bayerischen Walde, wo ich sie auf Fichte und Wacholder viel getroffen habe.[1])

2. Lophodermium brachysporum Rostrup auf Pinus Strobus.

(Hierzu Tafel IV, 4—14.)

Bevor wir auf den in Deutschland neuen Parasiten der Weymouthskiefer näher eingehen, wollen wir uns die Frage vorlegen, ob Pinus Strobus in Deutschland überhaupt viel von Parasiten zu leiden hat oder nicht, und vergegenwärtigen uns hierzu die Eingangs dieser Abhandlung allgemein über die Stellung der Exoten zu ihren Feinden angeführten Sätze.

Die Weymouthskiefer ist von den Exoten diejenige Holzart, welche sich bei uns zuerst eingebürgert hat und bereits die grösste Verbreitung erlangte,

---

1) Siehe R. Hartig über Trichosphaeria parasitica, Allgem. Forst- und Jagdzeitung, Jan. 1884, und über Herpotrichia nigra, Encyklopaedie der Forst- und Jagdwissenschaften von R. Ritter von Dombrowski; ferner Allgem. Forst- und Jagdzeitung, Januar 1888 mit einer Tafel.

so dass man sie kaum noch unter die Fremden rechnet; ja es dürfte diese Holzart wohl selbst die Illusion unseres Forstästhetikers von Salisch „im Freien" zu sein nicht allzusehr stören, wenn er sich auch zunächst noch gegen ihre Einsprengung im Walde ausspricht. Sie besitzt gerade durch ihre Schönheit, ihren guten und schnellen Wuchs, ihre Zähigkeit gegen Verletzungen und besonders ihre Widerstandskraft gegen Schneedruck so viele Vorzüge, dass sie sich in den Ebenen und Mittelgebirgen Deutschlands einen so festen Platz eroberte, dass ihr Anbau gesicherter erscheint als der in unseren eigenen Gebirgen heimischen Lärche, welche dem norddeutschen Forstästhetiker wohl ebenso fremd vorkommen mag wie die Edeltanne oder die Weymouthskiefer.

Man zählt in Amerika die Weymouthskiefer[1] unter die Holzarten, welche ziemlich pilzfrei sind und auch hier zu Lande herrscht vielfach die Ansicht, dieselbe leide weniger als andere Holzarten unter Parasiten, so dass dieses Moment als Vorzug der Weymouthskiefer geltend gemacht werden könne. Ich erinnere nur an die schon von R. Hartig angeführte (Allgem. Forst- u. Jagdzeitung 1883, S. 406) zwölfte Versammlung deutscher Forstmänner in Strassburg. Und doch ist gerade Pinus Strobus den Krankheiten nicht weniger ausgesetzt wie andere Waldbäume. Da sie jedoch niemals in grossen, reinen Beständen angebaut wurde, haben wir auch noch mit keiner Calamität dieser Holzart zu thun gehabt, wie sie Epidemien in Kiefernwaldungen verursachen.

Durch den Anbau der Weymouthskiefer in eingesprengten Horsten, zu Waldmänteln an Feld- und Wegrändern und in kleinen Parthien an markirten Schnittpunkten von Schneussen oder Waldwegen, wie auch als Parkbäume ist einerseits die Wirkung einer Krankheit nur auf kleine Parthien reducirt, andererseits wird die Möglichkeit schnell und auf grosse Strecken sich auszubreiten den Parasiten sehr erschwert. Freilich werden diese mit der Zeit auch an Ausdehnung gewinnen, wie wir dies bei dem nach Norden und Osten wandernden Lärchenpilze Peziza Willkommii gefunden haben, doch werden sicher Manche von Parasiten verschont bleiben, wenn sie durch Isolirung in anderen Beständen Schutz finden.

Prüft man nun, welche Parasiten in den deutschen Forsten bereits auf Pinus Strobus gefunden wurden, so hört man vielfache Klagen über Wurzelkrankheiten und besonders über unseren Hauptfeind Agaricus melleus und R. Hartig[2] sagt: „dass keine Holzart in gleichem Maasse unter den Angriffen desselben leidet, da die unterirdischen Rhizomorphen offenbar mit

---

1) Farlow in Beobachtungen und Streitfragen über die Blasenroste von Dr. H. Klebahn, Bremen 1887.

2) Untersuchungen aus dem forstbotanischen Institut zu München III, 1883.

grosser Leichtigkeit in die dünne Rinde der Wurzeln einzudringen vermögen". Auch in dem nahen Freisinger-Forst[1]) ist er eine häufige Plage, und auch in Dänemark wird er von Rostrup[2]) angegeben.

Aehnlich steht es mit Trametes radiciperda, von dem R. Hartig (l. c.) sagt „dass ihm in ganz bevorzugter Weise die Weymouthskiefer unterliegt und dass das zerstörende Mycel in den Holzkörper hoch hinauf dringt, während es in der harzreichen Pinus silvestris nur bis in den Wurzelstock emporwächst".

Hierzu gesellt sich Polyporus Schweinitzii, welcher nach Magnus[3]) die Weymouthskiefern im botanischen Garten zu Berlin tödtet; derselbe dringt an den Wurzeln ein und geht im Stamm bis Mannshöhe empor, die Fruchtkörper treten in verschiedener Gestalt an Wurzeln und Stammbasis auf. Die Zersetzung des Holzes soll äusserlich jener durch Trametes radiciperda verursachten ähnlich sehen.

Den Rindenkrankheiten ist die Weymouthskiefer ebenfalls in hohem Grade ausgesetzt, da ihre Rinde bis ins 30. Lebensjahr dünn und glatt bleibt und wie Hartig sagt „nur von einer relativ dünnen Korkhaut bekleidet wird". Derselbe äussert sich a. a. O. folgendermaassen: „Es giebt keine Kiefernart, welche in gleichem Maasse durch den Kiefernblasenrost Coleosporium Senecionis in seiner Aecidienform als Peridermium Pini corticola heimgesucht wird, als Pinus Strobus. Aus eigenen Beobachtungen, sowie nach zahlreichen Mittheilungen aus vielen Gegenden Nord- und Süddeutschlands, Russland u. s. w. kann ich dies bezeugen". Denselben Pilz fand ich auf den preussischen Forstrevieren Chorin und Mühlenbeck in den Pflanzgärten 1886. Rostrup (l. c.) giebt ihn für eine grosse Reihe von Orten in ganz Dänemark und als besonders verderblich auf Pinus Strobus an. Klebahn[4]) sagt, dass im Bremer Bürgerpark nur die Weymuthskiefern und zwar 29,4 pCt. aller Stämme von diesem Pilze befallen sind, dass andere Kiefernarten daselbst aber verschont bleiben. Die Nadelform (acicola) wurde dort und überhaupt noch nicht auf Pinus Strobus beobachtet. Klebahn findet mikroskopische Unterschiede in den Aecidiensporen der Form auf Pinus Strobus, jener auf der Rinde von Pinus silvestris und deren Nadeln. Infectionsversuche müssen zeigen, ob dieses Peridermium auf der Weymouthskiefer eine selbständige Species ist.

---

1) Mittheilung über einige Feinde des Waldes von Dr. C. von Tubeuf. Allg. Forst- und Jagdzeitung 1887, S. 79.

2) Fortsatte Undersogelser over Snyltesvampes Angreb paa Skovtraeerne 1883, S. 231 in Tidsskrift for Skovbrug VI.

3) Verhandl. des bot. Vereins der Prov. Brandenburg XXV.

4) Beobachtungen und Streitfragen über die Blasenroste. Mit 1 Tafel. In Abhandl. d. naturwissenschaftl. Vereins zu Bremen, X 1887.

Eine weitere, sehr bemerkenswerthe Rindenkrankheit beschrieb R. Hartig (a. a. O. S. 145), welche sich darin äussert, dass die Stämme im Bestande während des heissen Sommers 1876 an den dem trockenen, die Verdunstung fördernden Südwinde exponirten unteren Stammtheilen mehr Wasser aus der wenig geschützten Rinde verloren als ihnen aus dem Holze wieder zugeführt wurde, so dass diese vertrocknete. Die Rinde selbst war zwar trocken, sonst aber intact geblieben, der Zuwachs dagegen auf einen oft nur fingerbreiten Streifen des Stammes reducirt.

An Nadelkrankheiten ist Lophodermium (Hysterium) Pinastri zu nennen und das noch näher zu besprechende Lophodermium brachysporum Rostrup.

Dass die Keimlinge der Strobe, wie die Weymouthskiefer im Spessart genannt wird, der allgemeinen Kinderkrankheit, erzeugt durch Phytophthora omnivora ebenfalls erliegen, ist weiter nicht auffallend, ebenso wenig dass ihre Wurzeln häufig die Pilzkappen der sogenannten Mycorhiza[1]) zeigen.

Der bekannte saprophytische Feind unserer jungen Pflanzen „Telephora laciniata“ schädigt die Weymouthskiefer ebenfalls häufig, wie ich dies vielfach in Freising beobachtete.

Bemerkenswerth erscheint dagegen, dass Pinus Strobus von Viscum album nicht befallen wird, während die gewöhnliche Kiefer in so hohem Grade durch die Mistel leidet. In verschiedenen Fällen beobachtete ich Weymouthskiefern in Parks, welche von der Mistel alle absolut verschont blieben, während ringsherum Pinus silvestris sowohl als verschiedene Laubbäume reichlich Misteln trugen, so z. B. im Schlossgarten und im Hardtwald bei Karlsruhe, in den Anlagen von Baden-Baden und an anderen Orten.

Verschiedene Krankheiten dieser Holzart harren noch der Bearbeitung. Ein Zoologe dürfte kaum eine geringere Ausbeute an Schmarotzern von Pinus Strobus machen; ich erinnere nur daran dass auch die Borkenkäfer die Stämme der Weymouthskiefer angehen, Lyda campestris zeigt ihre Kothsäcke an jungen Pflanzen derselben, Chermes Strobi bedeckt die ganzen Pflanzen als weisse Wolle und Mäuse benagen die Rinde bis in Mannshöhe.

Betrachten wir nun speciell das von Rostrup in Dänemark zuerst beobachtete Lophodermium brachysporum auf der Weymouthskiefer im Bayerischen Walde.

In nächster Nähe von Passau befindet sich der Rest einer Garten- und Exotenanlage im Neuburger Walde, ausgezeichnet durch ältere Exemplare vieler ausländischer Waldbäume, wie mancher fremder Blumen, die sonst nur in unseren Ziergärten zu finden, hier üppige Ausdehnung erlangt haben.

---

1) Frank, Berichte der deutsch. botan. Gesellschaft 1885.

Unter anderen fällt ein grösserer Horst von Weymouthskiefern auf.

Bei der Besichtigung desselben fand ich im August dieses Jahres die jüngsten einjährigen Triebe eines grossen Theiles der Aeste abgestorben und die Nadeln gebräunt, während die Nadeln der vorjährigen Triebe noch freudig grün waren. Da die eine Seite des Horstes gegen eine lichte Parthie ihre Beastung bis auf Manneshöhe sich erhalten hat, war die Erscheinung, dass sämmtliche Zweige von der Spitze der Bäume bis herunter erkrankt waren, sehr auffallend.

Bei näherer Untersuchung fand sich keine äussere Verletzung, kein Zeichen von Insektenfrass oder Aehnliches vor. Frost war nicht die Veranlassung, denn die Lokalität hatte auch an anderen empfindlicheren Holzarten keine Frostspuren aufzuweisen und ausserdem ist die Weymouthskiefer ja völlig hart. Lichtmangel war ebenfalls ausgeschlossen, da die Stellung wie schon ausgeführt eine lichte war und da ausserdem bei Dunkelstellung die älteren und nicht die jüngsten Nadeln zuerst hätten abfallen müssen.

Eine Krankheit des Stammes oder der Wurzeln wie etwa durch Agaricus melleus oder Trametes radiciperda, hätte einen anderen Habitus der erkrankten Pflanzen bedingt, welche ja bis auf die jüngsten Triebe fröhliches Gedeihen zeigten.

Dieserhalb darf wohl ein Nadelparasit, welcher auf all den kranken Nadeln seine Früchte entwickelt hatte, für die ganze Erscheinung verantwortlich gemacht werden.

Die jungen Zweige wie die Nadeln selbst waren von Mycel durchwachsen; die gebräunten Nadeln zeigten in einfacher langer Reihe kurze, tiefschwarze Linien, welche der Länge nach aufplatzten und die Epidermis sprengten. Es war dieser Form nach also eine Hysteriacee, welche ihre Früchte auf den Nadeln entwickelt hatte und zwar sehr ähnlich dem bekannten Schüttepilz Hysterium Pinastri (Schrad.) = Lophodermium Pinastri (Schrad.), welches in Rabenhorsts Cryptogamenflora II. Aufl., I. Bd., 28. Lfg., S. 43 auf Pinus silvestris, excelsa, Strobus, Cembra, Abies pectinata angegeben wird.

Die genauer bearbeiteten und forstlich wichtigen Lophodermien sind auf der Kiefer Lophodermium Pinastri (Schrad.) auf der Fichte Lophodermium macrosporum (R. Hartig) auf der Tanne Lophodermium nervisequium (DC). Den Nachweis des Parasitismus lieferte für Lophodermium Pinastri Professor Dr. Prantl durch exacte Infektionsversuche [1]). Die ganze Biologie der beiden anderen Parasiten veröffentlichte R. Hartig schon in „Wichtige Krankheiten der Waldbäume" 1874.

---

1) Flora 1877, Nr. 21.

Auf Pinus Strobus giebt Rabenhorst oder besser Rehm, welcher die Hysteriaceen in der von Winter herausgegebenen II. Aufl. des besprochenen Werkes bearbeitete, keine Hysteriacee ausser Lophodermium Pinastri an.

Dagegen beschrieb Rostrup[1]) in Dänemark eine solche, welche mit dem vorliegenden Pilze offenbar identisch ist.

Rostrup führt das Vorkommen dieses Nadelparasiten an einigen Orten Dänemarks an (nemlig i Tange Skov ved Broholm og i Palsgaards Plantage), wo er ihn zuerst und allein fand. Die 25—30jährigen Weymouthskiefern hatten dort mehrere Jahre hintereinander die Nadeln durch den Pilz verloren und starben in Folge dessen ganz ab. Rostrup beschreibt die Früchte auf den Nadelunterseiten regelmässig einreihig angeordnet, die Schläuche 100 μ lang, 30 μ breit, die Sporen 20—25 μ lang, 4 μ breit. Als Mittel des Forstschutzes räth er: Fällen und Entfernen der Stämme und Wegnahme der Streu, besonders wenn gesunde Weymouthskiefern in der Nähe stehen.

Nach der Beschreibung Rostrup's stimmt der bei Passau beobachtete Pilz mit dem in Dänemark gefundenen vollständig überein; durch Herrn Forstmeister Giggelberger in Passau erfuhr ich, dass die Erkrankung schon seit Jahren beobachtet wurde, bisher aber keine Erklärung fand.

Zweige, welche mir zur weiteren Untersuchung geschickt wurden, hatten gelbe Nadeln mit braunen Flecken. Pilzmycel war in denselben leicht nachzuweisen, die Zweige selbst waren jedoch noch lebend.

Im Gegensatz zu der Beschreibung Rostrups und im Gegensatz zu diesen mir zugesendeten Zweigen, waren die ersterwähnten offenbar zum ersten Male inficirt; hierdurch ergab sich die Erscheinung, dass die älteren Nadeln des Triebes grün, die jüngsten gebräunt waren.

Dass auch die ganzen jüngsten Triebe von dem Parasiten getödtet waren, ist einer besonders lebhaften Entwickelung des Mycels zuzuschreiben, welche vielleicht nicht immer eintritt.

Wenn jedoch Jahre lang die Nadeln immer wieder getödtet werden, muss Zweig und Baum schliesslich absterben, auch wenn die Zweige selbst nicht inficirt werden, wie dies Rostrup thatsächlich mittheilt.

Da Rostrup sich auf weitere Untersuchung und Beschreibung dieses Pilzes nicht einlässt, sein dänisch geschriebener Artikel ausserdem nur wenigen deutschen Forstleuten zugänglich sein dürfte, so lasse ich die Ergebnisse meiner Beobachtungen hier kurz folgen.

Nadeln, welche von dem Pilze befallen sind, erscheinen zuerst strohgelb, erhalten in kurzen Zwischenräumen dunklere Bänder, um sich schliess-

---

1) Rostrup Fortsatte Undersøgelser over Snyltesvampes Angreb paa Skovtraeerne (Tidsskrift for Skovbrug VI 1883, S. 281 u. S. 282).

lich ganz braun zu färben. Schon in dem ersten Stadium lässt sich Mycel leicht nachweisen, welches besonders üppig in den luftigen Intercellularräumen vegetirt.

Später entwickeln sich die Apothecien.

Da die Nadeln von Pinus Strobus zu 5 in einem Kurztriebe beisammen stehen und zwar in der Weise, dass die 2 Innenflächen der 3 kantigen Nadel sich an die entsprechenden Seiten der Nachbarnadeln anlegen und eine geringere Flächenentwickelung haben als die flache, freiliegende Aussenseite, so spricht man wohl besser von Innen- und Aussenseiten der einzelnen Nadeln als von deren Unter- und Oberseite. Rostrup giebt die Apothecien nur auf der Nadel-Unterseite an.

Die von mir untersuchten Nadeln hatten die meisten Apothecien auf der Aussenseite der Nadel, doch kamen hier und da einzelne ebensowohl entwickelte auf der Innenseite zum Vorschein.

Die Paraphysen nehmen den Innenraum der unreifen Apothecien ein, zwischen dieselben schieben sich die Asken. Zur Reifezeit spaltet sich die Epidermis und das dunkle feine Pilzhäutchen der Länge nach weit auf, so dass das weisse Innere zum Vorschein kommt. Die Paraphysen sind an der Spitze keulig verdickt und häufig etwas umgebogen, manchmal auch an der Spitze in zwei kurze Aeste gegabelt. Eine Gallerthülle wie sie R. Hartig bei dem Lophodermium macrosporum und nervisequium abbildete, konnte ich an den Paraphysen nicht entdecken.

Die ungefärbten Schläuche (Fig. 4) sitzen meist ohne eigentlichen Stiel dem Stroma auf, häufig jedoch verbreitern sie sich am Anheftungspunkt fussartig.

Ihre Dimensionen fand ich: 120 μ lang, 22 μ breit. Allerdings giebt es ja bedeutende Differenzen in den Grössen, aber das Verhältniss der Schlauchbreite zur Länge wie es Rostrup (100 : 30) darstellt, scheint doch übertrieben und nach längerem Quellen der Schläuche gemessen zu sein. Die ebenfalls ungefärbten Sporen liegen zu 8 schief dachziegelförmig sich deckend 1—2 reihig in einem Schlauche (Fig. 4). Sie sind ohne Gallerthülle 20 μ lang und 4 μ breit, welche Messung mit der Rostrups übereinstimmt.

Sobald die Schläuche in Wasser kommen, nehmen die Gallerthüllen der Sporen, welche vorher unsichtbar waren, Wasser auf, quellen sehr stark und suchen so den Schlauch zu sprengen.

In vielen Fällen öffnet sich dieser an der Spitze, wobei die Wände sich an der Oeffnung nach aussen zurückrollen; sehr oft wird er aber der Quere nach an irgend einer Stelle gerade abgerissen, worauf wenigstens ein Theil der Sporen nach aussen gepresst wird.

Die Gallerthülle lässt deutlich 2 Schichten unterscheiden. Sobald die

Spore frei im Wasser liegt und der Quellung der Gallerte kein Widerstand mehr entgegensteht, dehnt sie sich aus bis die Spore selbst frei zu liegen scheint und von einem dichteren inneren und einem schmäleren äusseren Hof noch umgeben wird (Fig. 10b).

Jod färbt Schläuche wie Paraphysen und besonders die Sporen gelb, so dass die letzteren dann scharf contourirt hervortreten.

Mit der Gallerthülle im Askus liegend haben die Sporen eine Länge von 28—30 μ und eine Breite von 9—10 μ. In den Schläuchen findet man häufig noch zur Sporenbildung nicht verbrauchtes Protoplasma um kugelige Vacuolen am Fusse des Schlauches.

Die Keimung der Sporen geschieht in der Art, dass die Sporen sehr stark quellen, hierbei die Form verändern und einen oder mehrere äusserst feine Fäden entsenden. Auch konnte ein Keimen noch innerhalb des Askus beobachtet werden (Fig. 7, 8). Vor dem Auskeimen tritt eine Septirung der gequollenen Spore ein. In einigen Fällen konnte schon vorher eine solche erkannt werden. Es ist zu vermuthen, dass die meisten Sporen im Herbste noch unreif und desshalb ungetheilt waren (Fig. 9, 11, 12).

Die Paraphysen enden in ein kugeliges Köpfchen (Fig. 4). In Wasser (Zuckerwasser oder besser Fruchtsaftgelatine) wachsen dieselben fädig aus, wobei sie häufig knotige Verdickungen bilden (Fig. 5, 6).

Im Laufe des Winters fallen die meisten der getödteten Nadeln ab.

---

3. Hexenbesen auf Alnus incana.

(Hierzu Taf. IV, Fig. 1, 2, 3.)

Auf derselben Tour, auf der ich Trichosphaeria parasitica auf Picea excelsa im bayerischen Walde fand, entdeckte ich Weisserlen (Alnus incana) mit ausgeprägten Hexenbesen. Die Bildung ist dadurch charakterisirt, dass viele Knospen zu Zweigen austreiben, dass also statt einem Seitenzweige eine ganze Menge an derselben Stelle entspringen. Dieselben bilden heliotrope Büsche. Häufig findet man auch die horizontalen Zweige verlängert und aufwärts säbelförmig gebogen. Schon im Jahre 1884 hatte ich solche Hexenbesen an Alnus incana bei Bergen in den bayerischen Alpen gefunden. Auch im vergangenen September (1887) fand ich zwischen Zwiesel und Rabenstein im bayerischen Walde eine vielleicht 3 m hohe Weisserle mit ca. 10 Hexenbesen. Die einzelnen Zweige zeigen da, wo der Pilz dieselben inficirte, eine ganz plötzliche Verdickung, so dass ein förmlicher Knopf entsteht. Von da an bleiben die Zweige überhaupt viel dicker wie der ältere Theil (Taf. IV, Fig. 1). Die Blätter der Hexenbesen fallen viel früher ab als die der anderen Zweige, wesshalb man die Hexenbesen schon im September nicht mehr belaubt findet. Auf den Blättern sieht man Anfang August einen feinen weissen Ueberzug, welcher sich als Schlauchlager eines Exoascus herausstellte. Mikroskopische Untersuchung ergab, dass die Schläuche mit acht Sporen nach beiden Seiten des Blattes in grosser Menge lückenlos die Blattfläche bedecken. Die Asken sind den Stielzellen deutlich eingesenkt und besitzen an ihrem Ende eine randförmige Verbreiterung. Die Schläuche sind 30—40 μ lang, 10—15 μ breit, die Stielzelle 10—20 μ hoch und 15—20 μ breit, doch treten Schwankungen in den Dimensionen auf.

Bei der Bestimmung des Pilzes fand ich, dass C. J. Johanson[1]) in Upsala im Jahre 1885 eine ähnliche Erlendeformation beschrieb, ohne dass er dieselbe als Hexenbesen bezeichnen wollte. Nach dem Vergleich mit Material, welches mir Herr Dr. Johanson von seinen Hexenbesen gütigst übersandte, kann ich sagen, dass der nordische Pilz und der hier auftretende identisch sind, sowohl ihrer Sporen- und Schlauchform nach als auch darin, dass ihr subcuticulares Mycel eine Deformation der Zweige bewirkt.

Johanson fand auch, dass Mycel in Epidermiszellen eindringt. Dasselbe ist jedoch nur an jung austreibenden Zweigen gut nachweisbar.

Professor Sadebeck[2]) in Hamburg hat bekanntlich die Exoascus-Arten kritisch gesondert und genau beschrieben und fand folgende Arten Hexenbesen bildend: Exoascus bullatus (Fckl.) auf Crataegus Oxyacantha, Ex. Insititiae (Sad.) auf Prunus Insititia, Ex. deformans auf Prunus avium, Cerasus, Chamaecerasus, domestica, Ex. turgidus (Sad.) auf Betula alba und Ex. Carpini (Rostr.) auf Carpinus Betulus. Von Exoascus-Arten auf Erlen war bisher keiner als Hexenbesen bildend bekannt; Sadebeck beschreibt folgende Arten: 1. Exoascus alnitorquus (Sad.) eine Fruchtknotendeformation bei Alnus incana und glutinosa hervorrufend; 2. Exoascus flavus (Sad.) auf Blättern von Aln. glut; 3. Ex. epiphyllus auf Blättern von Aln. incana.

Johanson nennt den Ex. flavus Sad. nun Taphrina Sadebeckii, weil Farlow einen Exoascus flavus auf Betula alba in Massachusetts in Nordamerika als Exsiccat in Ellis Northamerican Fungi Nr. 300 ausgab und 1883 in der American Academy of Arts and Sciences vol. 18 beschrieb. Ich kann nicht entscheiden, ob der Birken-Exoascus mit Ex. turgidus (Sad.) == Taphrina betulina (Rostr.) oder mit Ex. Betulae (Fckl.) == Ascomyces Betulae (Mgn.) synonym ist, auch ist schwer zu sagen, ob der 1882 von Sadebeck

----

1) Om svampslägtet Taphrina och dithörande svenska arter.
2) Untersuchungen über die Pilzgattung Exoascus. 1884.

oder der 1883 von Farlow publicirte Namen mehr Geltung verdient, weil der letztere den Pilz schon 1879 in Exsiccaten ausgab. Wichtiger erscheint, dass Johanson den Hexenbesen bildenden Pilz auf der Weisserle für identisch hielt mit Ex. flavus Sad. und nachdem er diesen Ex. Sadbeckii nannte nun die Form auf der Weisserle Ex. Sadebeckii Johanson* borealis taufte.

Professor Sadebeck, welcher die grosse Güte hatte, das verschiedene von mir eingesendete Material zu untersuchen, hielt Ex. flavus auf Aln. glutinosa und Ex. Sadebeckii borealis für identisch, während Johanson besonders jetzt nach der Beobachtung beider Pilze in der Natur mehr geneigt ist sie für verschiedene Species zu halten. Es scheint mir diese Frage jedoch ganz sicher nur durch künstliche Infektion lösbar zu sein. Nach den Zeichnungen Sadebecks scheint eine Verschiedenheit darin zu beruhen, dass Ex. flavus nicht wie der Weisserlenpilz so scharf eingesenkte Schläuche besitzt.

Meine Exemplare und von Johanson zugesendete hatten einen gleichmässigen weissen Ueberzug und Schlauchbildung nach beiden Blattseiten, doch schreibt Johanson, dass die Asken anfangs auch nur auf einzelnen Flecken erscheinen. Bei Ex. flavus hat man es stets nur mit scharf contourirten Flecken zu thun, welche nur nach einer Seite Schläuche bilden. (Es kommen diese Flecken meist auf der Unterseite, seltener auf der Oberseite der Blätter zum Vorschein.)

Ex. epiphyllus endlich ist durch die breiten Stielzellen ausgezeichnet.

Unter Benutzung des Verzeichnisses in Süd - Bayern beobachteter Pilze von A. Allescher, Hauptlehrer an der höheren Töchterschule zu München 1887, welcher zuerst E. epiphyllus auf Aln. glutinosa constatirte, führe ich hier noch die Erlen-Exoascen in Süd-Bayern an, welche sowohl in den Alpen als in der oberbayerischen Hochebene häufig zu finden sind:

1. Exoascus alnitorquus an Fruchtknoten von Alnus incana und Alnus glutinosa; ferner auf den Blättern von Aln. glutinosa.
2. Ex. flavus auf Blättern von Aln. glutinosa und incana, ohne Hexenbesenbildung. Derselbe auf Aln. incana Hexenbesen bildend? cfr. 4.
3. Ex. epiphyllus auf Blättern von Aln. incana und glutinosa.
4. Ex. borealis Johanson, wenn derselbe eine selbständige Art ist, Hexenbesen bildend auf Aln. incana.

Exoascus flavus und epiphyllus kommen auch zugleich auf demselben Blatte von Aln. glutinosa wie incana vor.

Zum Schlusse will ich nur noch darauf verweisen, dass nach den Arbeiten von Dr. C. Fisch, Bot. Ztg. 1885 No. 3 u. 4 die Gattung Taphrina als solche nicht berechtigt ist.

Ueber das Vorkommen von Ascomyces endogenus Fisch auf Aln. glut. in Süd-Bayern liegen keine Angaben vor.

Nachträglich erhielt ich eine weitere Abhandlung zugeschickt „Studier öfver Svampslägtet Taphrina af C. J. Johanson 1887", welche entgegen der ersten Publication Johansons Taphrina borealis als selbständige Art auffasst und S. 14 genau beschreibt. Während die erste öfter citirte Arbeit eine Abbildung der Schläuche enthält, finden wir auf der Tafel der letzten Mittheilung Abbildungen von sterilem Mycelium und den Formen der Gonidienbildungen in den Schläuchen. Auf beide Abhandlungen möchte ich hiermit noch einmal besonders hingewiesen haben; durch die zweite Abhandlung Johansons scheint es mir vollkommen berechtigt zu sein, Taphrina borealis als selbständige von Taphrina flava abzutrennende Species aufzufassen, was auch mit meiner ursprünglichen Ansicht vollkommen übereinstimmt. Doch möchte ich meine Anregung zu Infektionsversuchen damit nicht zurückziehen, hoffe im Gegentheil solche selbst ausführen zu können, nachdem ich in den letzten Wochen abermals einige mit Hexenbesen ganz bedeckte grössere Weifserlen in der allernächsten Umgebung Münchens gefunden habe.

4. Pestalozzia Hartigii nov. spez. und im Anschluss Pestalozzia conorum Piceae nov. spez. nebst den nächstverwandten Formen.

(Hierzu Taf. V.)

Herr Professor Hartig beschrieb im Jahre 1883 in der allgemeinen Forst- und Jagdzeitung S. 406 ein Absterben der Fichten und Tannen in Pflanzgärten und speciell im Pflanzgarten zu Hain im Spessart. Daselbst heisst es: „Schon öfters sind mir aus verschiedenen Gegenden Deutschlands junge 2—4jährige Fichten oder Weifstannen zugesandt worden, welche am unteren Theile des Stengels etwa in der Höhe der Bodenoberfläche eine eigenartige Beschädigung erkennen liessen, deren Entstehungsursache mir nicht klar war. Kürzlich hatte ich Gelegenheit, im Revier Hain (Spessart) in Fichten- und Tannensaatkämpen diese Beschädigungsart in ausgedehnterem Maasse zu beobachten, und glaube ich, dass es nicht ganz ohne Interesse für die Leser dieser Zeitschrift ist, wenn ich auf diese Beschädigungsform aufmerksam mache. Bei dem gegen Ende September stattfindenden Besuche zeigte sich ziemlich gleichmässig über den ganzen zweijährigen Fichtensaatkamp vertheilt ein grosser Theil der Pflanzen vertrocknet, nachdem der diesjährige Trieb noch mehr oder weniger weit zur Ausbildung gelangt war. Ein anderer Theil auch der kräftigsten Pflanzen liess eine bleichgrüne Färbung erkennen, nachdem der diesjährige Trieb in voller Kraft sich entwickelt hatte.

Aehnliches war an einem Weifstannenkamp desselben Revieres, wenn auch in geringerem Grade, zu erkennen.

Die genauere Untersuchung dieser Pflanzen liess keinerlei äussere Verletzungen erkennen, dagegen eine eigenartige, nach unten zunehmende Verdickung des hypocotylen Stengels, die im Niveau der Bodenoberfläche plötzlich aufhörte. Hier fand sich bei den noch lebenden, frischen Pflanzen eine etwa 2—4 cm lange dunkelbraun gefärbte, sehr dünne Stelle, an welcher die Rinde bis zum Holzkörper ringsherum gebräunt und vertrocknet, aber äusserlich ganz unverletzt war. An den noch lebenden Pflanzen war die Wurzel unterhalb dieser Stelle etwas dicker, was aber nur dadurch sich erklärt, dass das Rindengewebe sich frisch und lebend erhalten hatte, wogegen der Holzkörper der Wurzel nicht stärker war als der der Einschnürungsstelle. Die ganze Wurzel zeichnete sich noch dadurch aus, dass sie sehr schwach entwickelt, gewissermaassen auf der Entwickelungsstufe des Vorjahres stehen geblieben war. Abgesehen von zweifellos saprophytischen Pilzbildungen in der vertrockneten Rinde und im Holzkörper zumal der schon abgestorbenen Exemplare liessen sich keinerlei thierische oder pflanzliche Organismen als Krankheitsursache erkennen. Die mikroskopische Untersuchung ergab, dass die Jahrringbildung des letzten Jahres vor Eintritt der Beschädigung schon soweit an der Einschnürungsstelle und in der ganzen Wurzel vorgeschritten gewesen war, dass etwa der vierte Theil des normalen Zuwachses hergestellt war". Später unten heisst es: „Was nun die Erklärung dieser eigenartigen gewiss recht häufig auftretenden Beschädigung betrifft, so muss ich mich zunächst in Ermangelung experimenteller Beweise darauf beschränken, eine Hypothese aufzustellen". Durch meteorologische Daten unterstützt, glaubte Hartig die Verletzung der Pflanzen auf eine Quetschung in Folge von Glatteisbildung zurückführen zu sollen, sagt aber zugleich S. 409: „Es wäre nun sehr wünschenswerth, wenn der vorstehende Erklärungsversuch auf seine Richtigkeit im Walde geprüft würde u. s. f.".

Die Prüfungen und Beobachtungen im Walde scheinen nicht in grosser Menge gemacht worden zu sein; wenigstens ist hierüber nichts in die Literatur gedrungen.

Beobachtungen, welche Herr Professor Hartig späterhin machte, schienen ihm gegen seine Hypothese zu sprechen und er liess die Sache nicht mehr aus dem Auge. So fand er auf einer Tour, welche wir nach Hohenaschau machten, die jungen Fichten eines dortigen Pflanzkampes mit der Einschnürung und kleinen schwarzen Pilzpolstern, welche er mir zur Untersuchung übergab. Von dem Ergebniss derselben wird später die Rede sein.

Auf einer Tour im Anfang August durch den bayerischen Wald fand ich die Einschnürung (Fig. 1, 2, 3) an Tannen im Pflanzkamp, jedoch ohne

Pilzfrüchte; dagegen gelang es mir solche an kranken Pflanzen in einem Pflanzgarten bei Deffernik im Böhmer Walde am 18. September 1887 zu finden.

Bei der Besichtigung der in jener Höhenlage von ca. 750 m noch recht schön gedeihenden Douglastannen im Forstgarten des Herrn Forstverwalters Hörmann fiel mir eine Anzahl gelblicher Fichten auf, welche durch ihre Farbe von den freudig grünen Genossen stark abstachen. Alle, die ich herausnahm, hatten die Einschnürung und aus der frischen Rinde erhoben sich schwarze Pilzpolster.

Die genauere Untersuchung ergab, dass alle Exemplare noch lebend waren, keine Nadeln verloren hatten (einige andere hatten schon geschüttet und zeigten im übrigen dieselbe Erscheinung), doch waren sie gelbgrün. Auf der eingeschnürten Stelle durchbrachen schwarze Pilzpolster die Rinde und zwar bei allen Exemplaren.

Die Pflanzen von Hohenaschau zeigten ganz denselben Pilz, welcher als eine Pestalozzia bestimmt wurde. Der Umstand nun, dass die Krankheit sehr allgemein ist, an den verschiedensten Orten, unter den manichfaltigsten Verhältnissen und alle Jahre vorkommt, sowie dass einzelne Pflanzen erkrankten, während die Umgebung im Pflanzgarten gesund blieb (Herrn Professor Hartig lag damals im Spessart eine förmliche Epidemie vor) spricht gegen die erste Erklärung dieser Krankheit. Da der Pilz aber an allen kranken Exemplaren desselben Kampes und in verschiedenen Gärten gefunden ist, so kann wohl mit Sicherheit angenommen werden, dass er die Krankheit verursacht hat.

Solange man Pflanzen nur mit verschiedenem Mycel in den getödteten Theilen fand, konnte man natürlich nicht behaupten, dass das Mycel einem Parasiten angehöre, sondern musste es verschiedenen Saprophyten zuschreiben, die sich ja alsbald auf den getödteten Theilen ansiedeln.

Nachdem aber durch die Sporen die Identität in allen beobachteten Fällen nachgewiesen ist, kann wohl kein Zweifel mehr obwalten, dass Pestalozzia die Krankheit verursacht.

Betreff der Speziesbestimmung ist folgendes zu bemerken: Die Gattungsdiagnose für Pestalozzia lautet in Saccardo Sylloge Fungorum Vol. III 1884, S. 784. Pestalozzia De Not. Micr. ital. Dec. II n. IX (Etym. a medico et botanophilo italico Fort. Pestalozza) — Acervuli subcutanei, subinde demum erumpentes, disciformes v. pulvinati, atri. Conidia oblonga, 2-pluriseptata, colorata (saltem loculi medii) rarissime tota hyalina, apice hyalino — 1-pluriciliata, basidiis filiformibus, hyalinis suffulta. — Genus speciebus forte plurimis duplicatis v. non satis distinctis obrutum, et ulterius inquirendum.

I. Eu-Pestalozzia: Conidia saltem ex parte colorata, apice 2-pluri aristata.

Zu dieser Gruppe gehört die vorliegende Species ohne mit den angeführten Diagnosen der 59 Spezies derselben vollkommen übereinzustimmen. (In allen Sektionen zusammen finden sich a. a. O. 83 Pestalozzia-Arten mit Diagnosen angeführt.)

Am meisten nähert sich die Form unserer Art jener von P. truncata Lév. Ann. Sc. nat. 1846. V. p. 285, nach Saccardo synonym mit Didymosporium truncatulum Corda Ic. fg. VI. fg. 16 und Pestalozzia truncatula (Cd.) Fuck. Symb. Myc. p. 391. t. 1, fg. 43 und Pestalozzia lignicola Cooke Handb. n. 1403, p. 472, von welcher Saccardo sagt: „Forte est mera forma lignicola P. truncatae“.

Doch ist es nicht möglich eine Identität einer der genannten Arten mit der vorliegenden Species zu constatiren.

Noch mehr als die Gestalt des Pilzes ist seine Biologie für ihn charakteristisch und es zeichnet ihn sein häufiges, parasitäres Auftreten an Picea und Abies (und vielleicht noch anderen Pflanzen) vor allen übrigen und besonders vor den vorgenannten Arten aus, deren seltenes Vorkommen stets betont wurde und deren Fundort nur todte Holzreste bildeten.

Ich gebe hiermit die Diagnose dieser neuen Spezies und unzweifelhafte Zeichnungen zur sicheren Bestimmung. Zu Ehren des Herrn Professors Dr. R. Hartig, welcher die vorliegende Krankheitserscheinung ja a. a. O. zuerst beschrieben hat, nenne ich diese Spezies Pestalozzia Hartigii.

Die Gonidien von Pestalozzia Hartigii entwickeln sich theils in Pycniden (Fig. 4), welche kugelig nach allen Seiten hin gleichmässig entwickelt sind und nach dem Innenraum die Sporen produciren, theils auf einem mehr flachen Stroma, welches ebenso wie die erstgenannten Organe in der Fichtenrinde eingebettet liegt. Die Uebergänge der verschiedenen Pycnidenformen habe ich schon für Cucurbitaria Laburni Bot. Centralbl. 1885/86 ausführlich beschrieben und weise noch auf Taf. V dieser Abhandlung hin.

Aus den Pycniden treten die Gonidien, indem die Rinde aufgerissen wird, in schwarzen Zäpfchen über die Epidermis hervor und kennzeichnen so dem blossen Auge die Lage ihrer Behälter (Fig. 2, 3). Die Pycniden stehen um den Stengel der jungen Fichten herum vertheilt, nicht weit über dem Erdboden in der nadelfreien Region.

Das zarte Stroma wird von hyalinem Pseudoparenchym des Mycels gebildet (Fig. 5). Auf diesem erheben sich die gestielten Gonidien. Die Sporenstiele sind von sehr verschiedener Länge, ein Theil der Gonidien sitzt in Folge dessen ganz nahe über dem Stroma, während ein anderer langgestielt weit in das Innere der Pycnide hineinragt (Fig. 5).

Die Gonidien sind anfangs hyalin, schmal eiförmig und einzellig, durch wiederholte (3fache) Quertheilung entsteht eine zusammengesetzte Gonidie, welche aus 2gefärbten grossen mittleren Zellen, einer hyalinen kleinen Stielzelle und einer ebensolchen Endzelle besteht. Die letztere wächst in einen feinen Faden aus, der sich in verschiedener Weise verästeln kann. In der Regel theilt er sich nicht weit über der Endzelle in 2 gleichwerthige Aeste, welche ihrerseits wieder Verästelungen eingehen; so erhält man 1-, 2-, 3-, 4-borstige Endzellen; häufig entspringen den Borsten auch kleinere Seitenäste, wie aus den Figuren 5—10 ersichtlich ist. In der Regel ist die zusammengesetzte Gonidie gerade, doch kommen wie bei anderen Species auch hier einseitig gekrümmte, ja nach verschiedenen Seiten verbogene Formen vor. Die dunkelen Zellen enthalten mehrere kleinere Oeltropfen, doch habe ich nie einen grossen Tropfen in jeder Zelle gefunden, wie er für Didymosporium tr. von Corda und für Pest. tr. von Fuckel als charakteristisch gezeichnet und beschrieben wird.

Die Dimensionen ergeben sich folgendermaassen:

Zusammengesetzte Spore 18—20 μ lang,

die 2 gefärbten Zellen 12—14 μ lang,

die mittlere Querwand 6 μ breit,

der Gonidienstiel 30—50 μ lang,

die Borsten 20 μ lang und 1 μ breit,

der Keimschlauch 5 μ breit.

Die reife Gonidie trennt sich von ihrem Stiele ohne dabei die Stielzelle zu verlieren.

Bei der Keimung besitzen die meisten Gonidien noch Haare und Stielzellen. Späterhin bei gekeimten wie bei ungekeimten Gonidien gehen die Haare verloren (Fig. 10, 12, 13). Es war nicht sicher zu constatiren, ob sie immer glatt abgeworfen werden oder ob zuweilen Theile oder auch einmal die ganze Endzelle mit verloren geht. In der Regel collabirt die Endzelle alsbald solange sie noch die Haare trägt und es erscheint dann, als ob die Haare direct auf einer „abgestutzten" gefärbten Zelle aufsässen und als ob gar keine Endzelle vorhanden wäre (Fig. 7). Eine weitere Bedeutung scheint die Endzelle nach der · Keimung nicht mehr zu haben. Vorher mochten die Haare wohl bei der Befestigung vortheilhaft sein. Häufig sieht man nach dem Verschwinden der Haare noch einen scharfen Rand der Endzelle ohne bestimmt sagen zu können, ob diese mit den Haaren verloren ging oder eingefallen ist. Die Stielzelle verschwindet normaler Weise nicht, sondern spielt noch weiterhin eine Rolle. Dass sie bei ungekeimten Sporen in der Natur allmählich zu Grunde geht und zwar früher als die viel resistenteren dunklen Mittelzellen, ist natürlich.

Vor der Keimung schwellen die beiden mittleren, sowie die Stiel-Zelle bedeutend an. Diejenige Zelle, welche einen Keimschlauch entwickelt, vergrössert sich meist bis zur Kugelform. Oeltropfen treten in allen Zellen vielfach auf. In der Regel keimt die untere der beiden braunen mittleren Zellen (Fig. 7, 8), doch kommt es vor, dass die obere (Fig. 9) dieser beiden einen Keimschlauch entwickelt. Ebenso kann die Stielzelle auswachsen und thut dies nicht selten (Fig. 11), was bis jetzt nirgends beobachtet wurde. Seit Zobel die Borsten für Keimschläuche hielt, finde ich die Keimung einer Pestalozzia überhaupt nur einmal dargestellt und zwar für Pestalozzia fuscescens, welche Sorauer[1]) als die Ursache einer Palmenkrankheit schildert; weiter als bis zum Keimen wurde auch diese nicht beobachtet.

Auch bildete zuweilen die untere dunklere Gonidie zwei Schläuche und keimte häufig gleichzeitig mit der Stielzelle. Der Keimschlauch besitzt schon bedeutende Breite und entwickelt in Rosinendecoct mit Gelatine ein sehr kräftiges, kurz septirtes Mycel.

In Wasser bildete das aus einer Gonidie kaum entstandene Mycel alsbald seitliche Aeste, welche sich erst zu einfachen hyalinen Zellen ausbildeten, diese erhielten Querwände und die mittleren Zellen wurden allmählich gelblich bis braun gefärbt. Bei einigen entstand bereits ein kleines Stielchen aus der Endzelle. Die gekeimten älteren Gonidien waren unterdessen so gedunkelt, dass sie nahezu undurchsichtig wurden und dass die mittlere Querwand kaum mehr zu erkennen war und stachen hierdurch scharf von den neugebildeten in der Cultur ab (Fig. 12, 13, 14, 15).

An jungen Tannen (Abies pectinata), welche ich schon im Vorjahre (1886) an anderen Orten im bayerischen Walde gesammelt hatte und welche dieselbe Einschnürung wie die Fichten zeigten, fanden sich ebenfalls Pestalozzia-Sporen in grossen Massen jedoch an den trockenen nun schon 1 Jahr aufbewahrten Pflanzen meist nur noch die mittleren gebräunten Zellen, welche in den Dimensionen mit jenen bei der Fichte übereinstimmten. Gekeimte Gonidien fehlten, so dass über die Art der Keimung und den Zustand der Sporen bei diesem Akte nichts zu sagen ist. Wenige hatten noch die runde Endzelle mit Borsten, einige noch die Stielzelle. Sie dürften wohl mit der Pestalozzia an der Fichte identisch sein.

Ob die gleiche Einschnürung, welche bei Ahornpflanzen und Buchen und vielleicht noch anderen Holzarten in ähnlicher Weise vorkommt, durch denselben Pilz verursacht wird, konnte ich bis jetzt nicht feststellen. Jedoch verliert eine Hypothese des k. preuss. Oberförsters Aumann durch die vorliegende Untersuchung ihre Wahrscheinlichkeit, zumal Professor Dr. Luerssen, welcher dieselbe in einem Artikel „Frostempfindlichkeit ausländischer

---

1) Handbuch der Pflanzenkrankheiten von Dr. P. Sorauer 1886. II. Bd. S. 399.

und einheimischer Holzarten"[1]) mittheilt, sich derselben nicht anschloss, sondern sich für die R. Hartig'sche Hypothese aussprach.

Herr Oberförster Aumann hatte im Jahre 1883 in der forstlichen Beilage der Zeitschrift des Vereins nassauischer Land- und Forstwirthe eine Erklärung für die Einschnürungskrankheit versucht, welche er bei Ahorn- und Eschen-Sämlingen sowie an Buchenpflanzen durch ein Vertrocknen der Rinde dicht über dem Erdboden verursacht, beobachtet hatte. Es heisst a. a. O.:

„Eine eigenthümliche, bereits im Sommer 1879 bemerkte Frosterscheinung in der Oberförsterei Selters wurde während der diesjährigen Vegetationsperiode 1883 genauer beobachtet. Ein Theil der in diesem Frühjahr (April) verschulten Ahorn- und Eschen-Sämlinge, während des Monats Mai freudig wachsend, stockten Anfangs Juni im Wuchs; die Blattstengel verdrehten sich gegen den Stamm und die Blätter wurden gelblich. In diesem Stadium wurde eifrig, aber vergeblich, nach äusseren Einwirkungen (Blattläusen, Pilzen, Wurzelbeschädigungen) gesucht. Erst gegen Ende Juni, mit dem gänzlichen Absterben des neuen Triebes und einem theilweisen Ausschlagen knapp über dem Boden, trat die Ursache des Abganges klar zu Tage.

2—4 cm über dem Wurzelknoten (die Höhe der Moosdecke, mit welcher hier in den Saatschulen sämmtliche Sämlinge und Pflanzen gegen das Ausfrieren etc. umgeben werden) war das Stämmchen auf 1—2 cm Länge, je nach der Stärke der Schneedecke im März, völlig eingetrocknet; über dieser Stelle war der Schaft auf $\frac{1}{2}$ cm Länge flaschenförmig verdickt. Seit Anfang Juli trat vom Gipfel abwärts allmähliche Eintrocknung ein, welche gegen Ende Juli sich bis zum ersteren Trockengürtel erstreckt hatte. Die neuen Ausschläge zeigten dagegen üppiges Wachsthum.

Im Jahre 1879 wurde der massenhafte Abgang von Buchenpflanzen (1878er Sämlinge) erst im Stadium der völligen Eintrocknung, Ende Juli, bemerkt; ausserdem befand sich der untere Eintrocknungsrand hart über dem Boden und waren nur äusserst selten neue Ausschläge aus schlafenden Augen entstanden. Der Trockengürtel war deshalb undeutlich und fand in Folge dessen die folgende Erklärung bei Fachgenossen keinen Anklang. Während des milden Nachwinters (bis zu + 10° R. im Februar) war die Vegetation bereits erwacht, als der späte Schneefall im April (dieses Jahres im März) mit einzelnen kalten Nächten (— 2° bis — 6° R.) eintrat. Die im feuchten Vorjahre schlecht verholzten (? Tbf.) Sämlinge konnten dem, hauptsächlich an der Berührungsstelle mit dem Schnee, schroff auftretenden Temperaturwechsel nicht widerstehen. Die bereits hochstehende Sonne schmolz Tags über an den dunklen Stämmchen den Schnee ein, so dass ein Trichter entstand, innerhalb dessen bei stagnirender Luft Tags über eine stärkere Ausdehnung der Rinde, Nachts aber eine niedrigere Temperatur wie an den anderen Stammparthien und also schliesslich — gleich dem Vorgange bei dem sog. Rindenbrand — ein Ablösen der Rinde an der Cambialschicht stattfand.

Aus dem innerhalb des Holzkörpers mit neuem Saftzufluss gelösten Reservestoff bildete sich dann der normale Maitrieb. Der weitere erst in den Blättern bildungsfähig gewordene Nahrungszufluss fand an der erfrorenen Stelle eine Sperre und lagerte sich oberhalb verdickt ab. Unterdessen hatte die Sonnenwärme auch den inneren holzigen Theil an der bezeichneten Stelle vertrocknet und damit den ferneren Zufluss von Feuchtigkeit aus den Wurzeln abgeschnitten — die Pflanzen mussten allmählich eindörren.

Waren unterhalb des Trockengürtels schlafende Augen resp. noch Reserve-

---

1) Zeitschrift für Forst- und Jagdwesen 1887. S. 176.

nahrung vorhanden, so bildeten sich neue Triebe und der weitere Wuchs konnte normal verlaufen.

In diesem Jahre konnte nun auch, bei genau gleichem Verhältniss der betroffenen Pflanzen zur Dichte des früheren Bestands (in der Saatrille) der überwiegende Einfluss der Sonnenwärme durch direkte Bestrahlung nachgewiesen werden. Der Abgang wechselte in den verschiedenen Pflanzschulen von 5% (nur Randstämmchen) bis zu 50% (sehr mangelhafte Saat).

Die Erscheinung trat im Jahre 1879 nur an Südhängen, in diesem Jahre überwiegend an solchen, dagegen auch in ebenen Lagen und sanft geneigten Nordhängen 'auf, welche Ausdehnung mit der in diesem Jahre vorgeschritteneren Vegetation vor dem letzten Schneefall eng zusammenhängt.“ „Nach erfolgter Publikation wurde mir aus benachbarten Revieren die gleiche Erscheinung an vielen Exemplaren verschiedener Holzarten, besonders Eschen, Ulmen, Fichten, Weiss- und Douglastannen bestätigt.“

Professor Luerssen bemerkt hiezu, indem er sich der R. Hartig'schen Krankheits-Erklärung anschliesst, dass er im Forstgarten zu Eberswalde dieselbe Erkrankung an Rothbuchen im Juli 1886 beobachtet habe. Wenn nun auch der Versuch einer Erklärung von Herrn Oberförster Aumann schon deshalb wenig für sich hat, weil die Temperaturdifferenzen an einer nur einige cm hohen Pflanze nicht so wirksam sein dürften, auch kein weiterer Beweis für eine derartige Wärmewirkung erbracht ist, so haben wir doch einen sehr werthvollen Beitrag zur Krankheitsgeschichte unserer jungen Pflanzen erhalten. Derselbe zeigt uns die grosse räumliche Ausdehnung dieser noch wenig beachteten Krankheit und führt eine grosse Anzahl von Holzarten auf, welche unter derselben leiden. Auch die Angabe, unter welch' verschiedenen Verhältnissen die Erkrankung eintritt, ist ein Zeichen, dass meteorologische Einflüsse nicht als Ursache wirken, dagegen ist es natürlich, dass die erkrankten Pflanzen schneller zu Grunde gehen, wenn die Verdunstung durch hohe Temperaturen und direkte Insolation erhöht wird.

Nun noch einige Bemerkungen über die Diagnosen der nahe verwandten Pestalozzien.

Es handelt sich hier nur um diejenigen, welche aus zwei dunklen mittleren und zwei hyalinen äusseren Zellen bestehen und besonders um die von Saccardo als Pestalozzia truncata zusammengefassten Formen.

Léveillé hat zuerst 1846 in Ann. d. Sc. nat. Tom 5. pag. 285. sub. No. 418. Pestalozzia truncata n. sp. aufgestellt und mit der Diagnose versehen:

„Conceptaculis gregariis globoso-depressis intus nigris, sporis ovatis truncatis uniseptatis atris longissime pedicellatis, setulis 2—4 pellucidis — Hab. prope Parisios ad ramos Populi fastigiatae. (herb. Mus. Par.)

Obs. Espèce fort remarquable par ses spores longement pédicellées et qui ont la forme d'un petit tonneau; les filaments au nombre de deux à quatre, placés à l'extrémité supérieure, ne se développent qu'à une certaine époque, pour disparaître complétement dans un âge plus avancé.

Léveillé übersah die Stiel- und Endzellen und wählte daher den Ausdruck truncata. Die Diagnose, der ja auch alle Dimensionen und jede Abbildung fehlt, ist zu allgemein gehalten, um jetzt noch, nachdem so viele Pestalozzien bekannt sind, darnach bestimmen zu können. Den besten Anhalt gewährt wohl noch der Fundort: Populus fastigiata.

1854 beschrieb Corda: „Iconum Fungorum Hucusque cognitorum Tom. VI." Didymosporium Nees ab Esenbeck-Nees ab Esenb. Syst. p. 33. Corda Icon. V. p. 4. Anleit. p. 14.

1. D. Truncatulum Corda. — Tfl. I. Fg. 16.

Acervulis subgregariis, minutis, punctiformibus, atris; stromate tenui subcarnoso, fusco; strato sporarum aterrimo; sporis oblongis; subcurvatis, fuscis, septatis, supra apiculo albo brevi ornatis, infra truncatis; septo transverso, medio aterrimo. Long. sp. 0,00061—0,00062 p. p. p. Auf trockenen Splittern von Buchenholz im Lobkowitz'schen Garten in Prag s. selten 1845.

Dr. Zobel, welcher den literarischen Nachlass Corda's herausgab, macht noch einige Bemerkungen zu der Beschreibung, welche jedoch mehr verwirren als klären: „Diese Art ist sehr klein und ihr Träger zart, fleischig und braun. Die Sporen sind sehr zahlreich, schön lichtbraun mit weisser, kleiner gerundeter Endzelle (? Zbl.), dunkeln Querwänden, und in jedem der beiden Sporenfächer einen Oeltropfen führend. In fast jedem verflossenen Häufchen findet man eine Menge keimender Sporen (Fg. 4), wo dann die helle Spitze in 2—4 Fäden ausgedehnt erscheint. Auf dem Träger des Mikroskopes kann man unter Wasser die Sporen dieser Art in wenigen Stunden (4—6) keimend erhalten. (Ich vermuthe, dass der „apiculus brevis" nichts weiter sei, als die keimend sich ausdehnende Spore selbst und die Beschreibung der Spore also lauten müsse: „Sporis utrinque truncatis." — Zbl.)."

Die Zeichnungen Corda's zeigen mehr als er selbst gesehen, indem die Sporen offenbar eine runde Stiel- und eine runde Endzelle trugen, während Corda die Stielzelle für abgefallen hielt und nur die Endzellen wie er meinte einmal mit und einmal ohne Cilien gesehen hat. Zobel aber erklärt gar die Cilien für Keimschläuche und führt so das „utrinque truncatis" ein.

Das Uebersehen einer Zelle gab den Sporen Léveillé's und Corda's eine abgestumpfte Form und in diesem Irrthum befangen wählten beide den Ausdruck truncata und truncatulum.

1869 endlich stellt Fuckel Pestalozzia truncatula auf und erklärt sie für synonym mit Didymosporium truncatulum Cd. und Pestalozzia truncata Lév. und sagt in Symbolae Mycologicae p. 391: „Die Conidien sind eilänglich, oft gekrümmt, gestielt, 3zellig. An dem unteren, verschmälerten

Ende sitzt der Stiel, an dem oberen, stumpfen Ende sitzt eine 2—3theilige Wimper, die so lang oder länger ist als die Conidien selbst. Cd. l. c. zeichnet irrthümlich die Wimper an das schmälere Ende. Später fallen der Stiel, die kleine daran sitzende hyaline Zelle und die Wimpern ab und die Conidie erscheint oben und unten stumpf, dunkelbraun, 2zellig. Tab. I. Fg. 43.

An trockenen Aesten von Salix aurita, sehr selten, im Frühling. Im Oestricher Wald."

Fuckel zeichnet weder Stiel- noch End-Zelle, beschreibt die erstere aber trotzdem und macht Corda den ungerechten Vorwurf, die Borsten an's falsche Ende gezeichnet zu haben, was daher kommt, weil Corda nur die End- und Fuckel nur die Stiel-Zelle beachteten.

Beide legen in ihren Abbildungen Werth auf 2 grosse Oeltropfen.

Derselbe Irrthum, in welchen Corda und Léveillé verfielen, indem sie nämlich eine hyaline Zelle übersahen, veranlasste auch Fuckel, seinen Pilz den beiden vorgenannten gleich zu achten und nach einem Merkmale zu benennen, welches keinem von allen Dreien in Wirklichkeit zukommt. Die unverletzten Gonidien aller vorgenannten Formen besitzen offenbar 4 Zellen und zwar die stets beobachteten 2 gefärbten mittleren und 2 hyaline äussere.

In späterer Zeit können sie allerdings diese leichter hinfälligen, hyalinen Zellen verlieren, was aber kein Merkmal sein kann und auch nach der Erkenntnis dieser Sachlage nicht mehr als Merkmal aufgefasst werden wird, zumal dies auch bei anderen Species der Fall ist.

So finden wir Gonidien, welche ihre hyalinen Zellen verloren haben bei Pestalozzia conigena (Exsicc. Ellis), conigena Exsicc. Rabenhorst, welche der vorigen nicht syn. ist, truncatula (Exs. Ellis, welche der vorigen syn. ist), P. truncatula Exs. Fuckel, P. lignicola Exs. Thümen und P. Hartigii.

Zur weiteren Orientirung über die nahverwandten Formen habe ich nun die Exsiccaten im Münchener Staatsherbarium, welches mir durch die Güte des Herrn Custos Dr. Peter zugänglich war, durchgesehen und kann das Resultat der Durchsicht in einige Sätze hier zusammenfassen. Es wird so anderen Exsiccaten-Besitzern möglich, ihre Exemplare entsprechend korrigiren zu können.

Saccardo sagt nicht umsonst über die Gattung Pestalozzia: „Genus speciebus forte plurimis duplicatis v. non satis distinctis obrutum et ulterius inquirendum.

1. Es erscheint zweifelhaft, ob Didymosporium truncatulum Cd. Pestalozzia truncatula Fckl. und Pestalozzia truncata Lév. wirklich synonym sind.

2. Unter Pestalozzia truncata Lév., wie sie Saccardo „Sylloge Fungorum

1884 S 794" definirt, indem er auch die vorgenannten drei für synonym hält, scheinen mehrere Spezies zu stecken.

3. Alle 3 Formen haben ihren Namen und ihre Bestimmung in Folge eines falsch aufgefassten Merkmales erhalten, der truncate Zustand ist nur secundär und als solcher auch bei anderen Spezies beobachtet.

4. Fuckel's P. truncatula in F. rh. 2137 = P. truncata Lév. Ad Salices auritae ramos aridos, raro, Vere. In sylva Hostrichiensi. enthält 3 Gonidien-Formen, deren Dimensionen aus den Zeichnungen (Vergr. 500) ersichtlich sind.

    a) Pycniden mit langgestielten Gonidien ohne Borsten und aus 4 gefärbten Sporen zusammengesetzt.

    b) Pycniden mit kurzgestielten Gonidien mit 3 dunkeln Zellen und einer hyalinen Stielzelle und einer Endzelle, welche eine lange Borste trägt.

    c) Auf der Epidermis freiliegende Gonidien aus 2 dunklen Zellen bestehend. In einem Exemplar sah ich je eine hyaline runde End- und Stiel-Zelle mit 2 Borsten. Dieselbe hat viel Aehnlichkeit mit Didym. tr. und mit Pest. Hartigii, doch ist eine Identität nicht nachzuweisen, zumal keine Pycniden vorhanden sind.

5. Pestalozzia truncatula Fckl. in Ellis North. Am. Fng. 349. On cones Abies excelsa. Newton, Mass. W. G. Farlow. stimmt nicht mit Didym. tr. Cd. noch mit Fckl.'s Exsicc. überein, da die hyalinen Stiel- und Endzellen konisch zugespitzt sind. Von ihr aber kam wohl der Fundort für P. truncata Lév. „conis Abietis" in Saccardo's Werk.

6. P. conigena Lév. in Rabenh. F. europ. 2462.

Ad conos dejectos Abietis excelsae DC. in sylvis di Collechio Prov. Parmensis, per annum. G. Passerini. passt nicht zur Diagnose Léveillé's in Ann. Sc. nat., der sie nur auf „strobilos Thujae occ. u. Pini sylv." angiebt, dagegen auffallender Weise 3—4 septat. sagt, während Saccardo kurzweg 4 sept., loculis 3 mediis fuscis angiebt. Die vorliegenden Exsiccaten Exemplare haben aber alle nur 2 dunkle Zellen und 2 hyaline, stimmen mit den Exemplaren in Ellis Exs. 349, welche ich unter Punkt 5 besprach, völlig überein. Da sie spitzzulaufende hyaline Zellen haben, sind sie wohl von P. truncatula Fckl. u. Cd. oder Saccardo's P. truncata zu trennen und würden wohl am Besten zum Unterschiede von P. conigena als P. conorum Piceae bezeichnet. Die P. strobilicola Speg., welche auf den Zapfen von Pinus silv. vorkommt, ist durch ihre Dimensionen, besonders den kleinen Stiel, zu unterscheiden.

7. Die Dimensionen dieser P. conorum Piceae sind

    Stiel 30—40 μ lang,

Gonidie 16—20 μ (4 Zellen) lang,
2 mittlere gefärbte Zellen 12—14 μ lang,
mittlere Querwand 6 μ breit,
2—3 Borsten 20 μ lang.

8. P. conigena Lév. in Ellis North. Am. F. 527.

On fallen cones of Arbor Vitae passt zu der Beschreibung, welche Lé-veillé selbst von dieser Species giebt, und zu der Diagnose Saccardo's.

9. P. lignicola Cooke. Handb. Brit. Exsicc. de Thümen Mycotheca univ. 1778. „Gallia: Lyon in Pini sylvestris Lin. ligno nudo. Vere. leg. I. Therry.

Es fehlen Stiel- und Endzellen. Die Rudimente auf dem Stückchen Holz sind nicht mehr scharf zu definiren, da die truncaten Formen d. h. die 2 mittleren Zellen allein sich sehr ähnlich sehen. Saccardo ist geneigt, diese Form zu P. truncata Lév. zu ziehen. Die Dimensionen der Rudimente stimmen mit denen Saccardo's überein.

Das Substrat ist nicht Pinus sylvestris, wie angegeben, sondern, wie sich mikroskopisch leicht ergiebt, Abies pectinata.

Bei einer Gonidie sass noch eine hyaline runde Zelle an, so dass sie hierin dem Didymosporium truncatulum Corda, der Exsicc. Fuckel's von Pestalozzia truncatula wie auch P. Hartigii wenigstens nahe steht.

Exemplare, welche Saccardo in Italien fand und für identisch mit P. lignicola hält, führen ihn zu der Ansicht, dass P. lignicola eine Form von P. truncata sei.

Wie wenig die Gattung überhaupt noch untersucht ist, beweist, dass eine flüchtige Durchsicht der Exsiccaten mir schon eine Reihe Irrthümer zeigte, so z. B. Pestalozzia Callunae Ces in Rabenhorst, Fungi europaei 161 von Cesati selbst gesammelt und mit einer Diagnose versehen, in welcher es heisst: „Perithecia carbonacea, subinata, emersa, sparsa, irregularia plerumque oblonga, haud raro compressa, cito vertice rupta et tunc ob contractionem marginum facile Cenangium fingentia. Sporidia numerosissima minuta, cylindracea curvula, utrinque obtusiuscula setigera, hyalina, obscure multiseptata mihi visa. In truncis ramisque emortuis Callunae vulgaris; in montibus dell'Oropa (Pedemont) mense Aug. leg. Cesati."

Betrachten wir den Pilz näher, so besteht das schwarze Knöpfchen auf den Heidezweigen aus einem Stroma (keinem Perithecium oder Pycniden), welches farblose, sichelförmige, 4zellige Gonidien produzirt, wie man sie als Fusidium bezeichnete und wie sie bei den Nectrien so häufig vorkommen. Das „utrinque obtusiuscula setigera" ist nicht richtig; es fehlen Borsten in den Exsiccaten vollständig.

Eine Pestalozzia liegt also überhaupt gar nicht vor.

4*

VI.

Mycorhiza auf Pinus Cembra und die Frank'sche Ernährungstheorie.

(Hierzu Taf. IV, Fig. 11, 12, 13.)

Professor Frank in Berlin gebührt unstreitig das Verdienst, diejenigen schon lange bekannten aber kaum bearbeiteten Wurzelpilze der Holzgewächse, welche er unter dem Sammelnamen Mycorhiza zusammenfasst, zum Gegenstande wissenschaftlicher Untersuchung gemacht und hierdurch das allgemeine Interesse an dieser schlummernden Frage wachgerufen zu haben. In Folge dieser Anregung wurden auch alsbald Beobachtungen publicirt, welche bisher nicht zur allgemeinen Kenntniss gelangt waren.

Wenn wir auf die ältesten Andeutungen dieser Verhältnisse zurückgehen, so finden wir schon in Th. Hartig's „Vollständige Naturgeschichte der forstlichen Culturpflanzen Deutschlands" im Jahre 1840 auf Tafel 18 eine Abbildung von Wurzeln, welche zweifellos einen Pilzmantel um die Würzelchen darstellt und welche Th. Hartig als ein dem Blattadernetze ähnliches anastomosirendes Geflecht charakterisirte, aber nicht als Pilzgewebe erkannte; der Zeichnung nach zu schliessen waren inter- und intracelluläre Pilzfäden vorhanden. Von diesem Mantel ist auch weiter gesagt, dass er sich nur bis zum Sommer lebendig erhält, dann austrocknet und sich als eine dünne, braune Schicht dem · aus langgestrekten Faserzellen bestehenden, von zwei Spiralgefässbündeln durchzogenen Kern anlege.

P. E. Müller in Kopenhagen hat eine ausführliche Abhandlung vom Jahre 1878 im botanischen Centralblatt 1886 mit 5 Holzschnitten, welche die Mycorhiza an Buchenwurzeln darstellen, reproducirt.

Professor Rees in Erlangen arbeitet schon lange an der exacten Erforschung dieser Frage. So schrieb er 1880 über Elaphomyces[1]), welcher Mycorhiza-Bildungen, wie sie Frank im Auge hat, an der Kiefer und wahrscheinlich an Monotropa-Wurzeln verursacht.

---

1) Sitzungsber. d. phys.-med. Soc. zu Erlangen 1880. Abgedruckt Bot. Ztg. 1880, p. 729 ff.

Kaminski[1]) beschrieb die Mycorhiza 1882 bei Monotropa Hypopitys, Fagus und Coniferen mit einer Abbildung für die Buche.

Gibelli in Turin beschrieb dieselbe 1883 an der Edelkastanie und fand sie an Eiche, Hasel, Buche durch ganz Italien.

R. Hartig demonstrirte seit Jahren seinen Hörern Präparate der Mycorhiza, dieselbe für ein noch ungenügend bearbeitetes Parasiten-Verhältniss erklärend.

Woronin erklärt (Bot. Ges. 1885, S. 205), den Pilz schon seit zwei Jahren gut zu kennen und ihn in Finnland an verschiedenen Pflanzen beobachtet zu haben.

Frank machte seine ersten Veröffentlichungen über die Mycorhiza in Bot. Ges. 1885, S. 128 und XXVII, die ganzen Bildungen wie seine Symbiosen-Ernährungs-Theorie für neu erklärend, was in sofern zutrifft, als Frank viel Neues zu dem Bekannten hinzu fand und als Kaminski's Arbeit und Theorie sich mehr speciell auf die chlorophylllose Monotropa bezog, die Frank'sche dagegen ganz allgemein aufgestellt wurde. Die weiteren Beiträge lieferte Frank 1887 in bot. Ges. S. 395.

Rees kam 1885 in bot. Ges. 295 und LXIII auf seine Arbeiten zurück und besprach hier die Ansichten Frank's und Kaminski's.

1887 endlich erschien die höchst interessante und vollständige Arbeit von Dr. Rees und Dr. Fisch, welche uns über die Morphologie und Biologie der Mycorhiza an Pinus silvestris und die Zugehörigkeit der Elaphomyces-Früchte zu dem Pilzmantel von Pinus silvestris wie die ganze Entwickelung derselben nicht mehr im Unklaren lässt. Auch von anderen wurden verschiedene Versuche gemacht mit dem Bestreben die zu dem fertilen Mycel gehörigen Pilzfrüchte zu finden, so vermuthete Woronin einen Zusammenhang mit Boleten und auch Gibelli stellt Vermuthungen über die Früchte der Mycorhiza auf.

Wahrlich hat bei Culturversuchen mit dem Wurzelpilz auf Vanda-Arten Perithecien erhalten, die der Gattung Nectria angehören. Ebenso hat Reissek Culturversuche mit dem Wurzelpilz der Orchideen angestellt.

Lecomte (Note sur le Mycorhiza. Bulletin de la Société botanique de France 1887 p. 38) glaubt Gonidien und Perithecien an den Mycorhizen von Corylus Avellana entdeckt zu haben, welche er den Perisporiaceen zurechnen zu müssen meint.

Rufen wir uns ins Gedächtniss zurück, was Frank selbst über die Mycorhizen anführt, so finden wir, dass er die verschiedensten Grade des Pa-

---

1) Les organes végétatifs du Monotropa Hypopitys L. Extrait des Mémoires de la Societé nationale des sciences naturelles et mathém. de Cherborg 1882.

rasitismus (der Symbiose) erörtert mit den Worten: „Eine Symbiose zwischen einer Pflanzenwurzel und einem Pilz ist aber auch noch in anderer anatomischer Form als in derjenigen der gewöhnlichen Mycorhiza denkbar, und thatsächlich giebt es noch andere Formen, die ich hier in derjenigen Reihenfolge beschreiben will, dass wir von dem der bisher bekannten Mycorhiza ähnlichsten Typus allmählich zu dem am meisten abweichenden gelangen, indem wir sehen werden, dass der Pilz, der in der jetzt bekannten Form auf der Oberfläche der Wurzel sich befindet, immer tiefer ins Innere derselben sich zurückziehen kann. Wenn wir alle diejenigen Formen, bei denen der ernährende Pilz sich auswendig befindet, als ectotrophische und diejenigen, wo er das Innere gewisser Wurzelzellen einnimmt, als endotrophische bezeichnen, so erhalten wir folgende Uebersicht."

Ohne Franks Reihenfolge einzuhalten, entnehme ich dem Inhalt seiner Abhandlung noch folgendes. 1. Mycorhiza von Pinus Pinaster: „der Pilzmantel sitzt der Epidermis nur äusserlich auf, eine Umspinnung der Epidermiszellen an den inneren Wänden ist nicht zu beobachten".

2. Die korallenästige Mycorhiza, bei welcher der Pilzmantel die Wurzelspitze umgiebt, aber nur in der nicht mehr in die Länge wachsenden Region auch die Zellwände der Epidermis umspinnt. Eine weitere charakteristische Form beschrieb Frank als „langästige Mycorhiza mit wurzelhaarähnlichen Seitenorganen an Fagus silvatica"; von einem Umspinnen der Zellen ist nichts gesagt, wesshalb diese Form der sub 1 erwähnten zuzugesellen ist.

Ebenso steht es mit Monotropa Hypopitys, deren Wurzelpilz ebenfalls nach Kaminski nur als oberflächlicher Pilzmantel der Wurzel aufgelagert ist, die Epidermiszellen aber nicht umspinnt.

3. Von den Endotrophischen Mycorhizen haben diejenigen der Ericaceen meist keinen äusseren Pilzmantel, sondern oft nur vereinzelte Pilzfäden auf der Epidermis, während die Zellen derselben von Pilzfäden dicht erfüllt sind.

4. Bei Orchideen endlich findet man Pilzfäden im Innern der Rindenparenchymzellen der Wurzel, während die Epidermiszellen keine Fadenknäuel, sondern nur einige durchpassierende Hyphen zeigen.

Hierzu ist zu bemerken, dass Rees auch bei der korallenästigen Kiefernmycorhiza Pilzfäden in den Zellen der Wurzel nachwies, dass er ferner fand, wie die Wurzeln hier und da von dem Parasiten zerstört wurden; dass Kaminski angiebt, die verpilzten Wurzeln wurden schliesslich durch Resinosis ihrer Leitstränge zerstört, dass schliesslich die Zirbenwurzeln in dem näher zu beschreibenden Falle entschieden von dem Parasiten getödtet werden. Es ergiebt sich hieraus, dass es nicht richtig ist, alle Wurzelpilze, welche einige gemeinsame Merkmale besitzen zu Nutzen einer Theorie zusammenzufassen.

Sie sind wenigstens zu trennen, um eine harmlose Symbiose doch für einige Fälle zu retten.

Auffallend erscheint es, dass Frank jetzt alle Wurzelpilze unter demselben Gesichtspunkt der Symbiose zusammenfasst, während er sich doch so lebhaft verwahrt, dass der Wurzelpilz an Monotropa und Kaminski's Theorie mit seinen Wurzelpilzen zusammengeworfen werden. Man vergleiche nur die Worte Frank's in bot. Ges. 1885 XXVIII „. . . . gerade das für die Mycorhiza der Bäume Charakteristische, die organische Verschmelzung zwischen Wurzel und Pilz, wie sie sich durch das Eindringen des letzteren in die Wurzel und durch seine allseitige Umspinnung der Epidermiszellen ausprägt, wird von Kaminski an der Monotropa-Wurzel geleugnet, es wird ausdrücklich nur von einer äusserlichen Auflagerung des Pilzmycels auf die Oberfläche der Wurzel gesprochen".

So interessant nun auch die Arbeiten Franks sind und so sehr man von der Richtigkeit seiner thatsächlichen Beobachtungen überzeugt sein muss, so wenig kann man sich für seine Theorie erklären, wenn sie sich nicht darauf beschränkt, die Wurzelparasiten in die Scala der Parasiten einzureihen, wie sie de Bary S. 382 seiner vergleichenden Morphologie und Biologie der Pilze aufstellt, sondern sie als Baumammen erklärt.

Nach Frank wären die Bäume Parasiten der Pilze und umgekehrt und was für Monotropa als Hypothese aufgestellt wurde, dass dieselbe dem Wurzelpilz die von diesem aus dem Boden aufgenommene organische Nahrung entziehe, wendet Frank auf die chlorophyllreichen Bäume an, so dass man sich der Befürchtung nicht verschliessen kann, auch unsere Buchenwälder würden sich allmählich die „Amme" an- und ihren grünen Blätterschmuck abgewöhnen.

Was die Wurzelpilze der Bäume aber thatsächlich aus dem Boden aufnehmen ist noch ebensowenig bekannt als das, was die Wurzeln den Pilzen allenfalls entziehen.

Folgende Punkte dürften aber vor allem bei der Beurtheilung der Kaminski-Frank'schen Theorie Beachtung finden:

1. Nicht alle Holzarten besitzen Mycorhizen.

2. Diejenigen Arten, bei welchen solche vorkommen, haben sie nicht an allen Individuen. Sie fehlen z. B. den Cupuliferen im hiesigen Forstbotanischen Garten (cfr. bot. Centralbl. 1886 I, S. 350).

3. Die befallenen Individuen haben sie nicht an allen Wurzeln.

4. Besonders die jungen Triebwurzeln sind häufig unverpilzt.

5. Die unverpilzten Bäume gedeihen wie verpilzte.

6. In Wasserculturen gehen die Mycorhizen bald verloren und die Pflanzen gedeihen mit normalem, unverpilzten Wurzelsystem weiter.

7. Die Wurzelpilze wurden bisher noch nicht saprophytisch cultivirt; ihr Grad des Parasitismus ist also noch nicht festgestellt.

8. Eine Zusammengehörigkeit endotropher und ectotropher Mycorhizen ist nicht constatirt und allgemeine Sätze können nicht über beide aufgestellt werden.

9. Bei gewissen als ectotroph beschriebenen Mycorhizen sind auch intracelluläre Pilzfäden gefunden worden wie bei Elaphomyces von Rees.

10. Auch bei unverpilzten Wurzeln besonders der Nadelhölzer fehlen häufig Wurzelhaare.

11. Selbst bei alten Kiefern findet man noch Wurzelhaare (Rees).

12. Wenn die Pilzscheide die Ausbildung der Wurzelhaare hindert, braucht sie dieselben doch noch nicht zu ersetzen.

13. Der Pilzmantel wird beim Uebergang in das secundäre Stadium der Wurzel von der Kiefer abgestossen.

14. Vor demselben wird die Kiefernwurzel zuweilen vom Elaphomyces-Pilze getödtet (nach Rees).

15. Nach Kaminski werden Mycorhiza-Wurzeln durch Resinosis der Leitstränge zerstört.

16. Ein Wurzelpilz, den Rees erwähnt, und der demselben ähnliche an der Zirbelkiefer zerstören die Wurzeln.

17. Die Rindenparenchymzellen der Kiefer werden selbst bei der wenig schädlichen Mycorhiza der Elaphomyces-Arten eines grossen Theiles ihres Inhaltes beraubt (Rees).

Wichtig erscheint auch, dass De Bary sich nicht für die Theorie erklärte und in der Versammlung deutscher Naturforscher und Aerzte zu Strassburg nur darauf hinwies, dass die symbiotischen Beziehungen zwischen Pilzfäden und Baumwurzeln schon früher von Janczewski hervorgehoben wurden, dass dieselben zwischen Orchideen und Pilzfäden längst bekannt waren. Die unvollständige Kenntnis derselben und besonders der Pilzspecies haben wohl De Bary veranlasst dieselben in seiner Morphologie und Biologie der Pilze 1884 nicht zu berühren.

Sachs nimmt bei der Besprechung der Pflanzenernährung, der Wurzelhaare, der Wurzelreduction der chlorophyllosen Humusbewohner in seiner neuesten Auflage „der Vorlesungen über Pflanzenphysiologie 1887" keine Notiz der Frank'schen Ideen.

R. Hartig spricht sich wiederholt entschieden gegen dieselben aus, so in der Zeitschrift für Parasitenkunde 1888 und schon im botan. Verein 1885 (im bot. Centralbl. 1886), indem er die Wurzelpilze für einfache Parasiten erklärt, welche von den Wurzelspitzen eine Zeit lang ernährt werden; dass sie den Wurzeln Humuslösungen aus dem Boden vermitteln, sei durch nichts erwiesen.

Wichtig erscheint besonders auch der von Hartig[1] hervorgehobene Gesichtspunkt, dass die Pilze sich besonders im Nachsommer, Herbste und Winter ausbreiten, dass aber im Frühjahr und Sommer zur Zeit der grössten Wasser- und Nährstoffaufnahme der Bäume viele unverpilzte Wurzeln sich entwickeln, denn nach den Untersuchungen von R. Hartig[2] sinkt die Wasseraufnahme der meisten Waldbäume und zwar gerade jener, welche von den Wurzelpilzen gewöhnlich befallen sind, im Herbst, Winter und Frühling auf ein Minimum, um im Mai mit der Neuentwickelung vieler unverpilzter Würzelchen wieder zu steigen bis in die Monate Juni und Juli.

Die Betrachtung des **Wurzelparasiten von Pinus Cembra** ergab folgendes:

Herr Forstassistent Neyer aus Klausen in Tirol sandte im vorigen Sommer an Herrn Professor Hartig mehrjährige Zirbelkiefern und machte durch Randzeichnungen und Beschreibung auf die Wurzeldeformation derselben aufmerksam. Zugleich sandte er ähnliche Gebilde von Dryas octopetala und Vaccinium Vitis Idaea vom gleichen Orte mit.

Aus der ganzen Darstellung ist zu ersehen, dass sowohl sehr gesunde als auch kränkelnde Pflanzen die Wurzelpilze zeigen. Zugleich wird bemerkt, dass ausser an den Wurzeln selbst auch in dem dieselben umgebenden Erdreiche weisse Mycelstränge zu beobachten sind. Interessant ist, dass die Zirbe den Pilz in den höchsten Lagen ihrer vertikalen Verbreitung ca. 2200 m über dem Meere zeigt und zwar sowohl der natürliche Zirbenanflug, als Pflanzen in dem hochgelegenen Pflanzkamp, während die in tiefere Fichtenbestände eingesprengten Zirben sowohl als auch die in dem tief gelegenen Centralforstgarten gezogenen Pflanzen einen Pilz nicht zeigen sollen.

Betrachten wir die Wurzelpilze von Pinus Cembra näher, so sind zwei Formen zu unterscheiden. Einmal sehen wir die bekannten traubigen Gebilde, wie sie Frank für verschiedene Holzarten als die gewöhnliche aber korallenästige Mycorhizenform ausführlich beschrieb. Zwischen ihnen ziehen sich zahlreiche Mycelfäden hin. Mikroskopisch betrachtet sieht man die Würzelchen von einem dichten Pilzmantel umgeben, von dem aus feine weisse und derbere braune Mycelfäden in die Umgebung sich verbreiten. Beide sind durch Schnallenzellen ausgezeichnet. Die Mycelfäden wachsen gegen das Innere der Würzelchen vor, durchdringen die Rinde bis zur Endodermis und dürften in der Regel bei der Korkbildung und dem Uebergang der Wurzel in's sekundäre Stadium abgestossen und unschädlich gemacht werden.

---

1) Centralblatt für Bakteriologie und Parasitenkunde Januar 1888.
2) Untersuchungen aus dem forstbotanischen Institute Bd. III. 1883.

Der zweite interessantere Fall ist der, dass die Wurzeln stellenweisse kleine kugelige Seitenwurzeln zeigen und auch selbst kugelförmig endigen, wie es die Figuren Tafel IV. zeigen. Diese Kugeln kommen häufig vor und in der Mehrzahl an demselben Exemplare, auch an Pflanzen, welche Wurzeln mit gewöhnlichen Mycorhizen besitzen.

Sie machen einen sehr gesunden, kräftigen Eindruck und haben eine vollständig glatte Aussenseite. Dieselbe besteht aus einem wohl ausgebildeten derben Korkmantel ohne jede Pilzbildung. Die Gefässtheile dagegen im Innern sind theilweise durch sehr feine Mycelfäden zerstört und der Pilz ergreift von Innen nach aussen die Gewebe.

Es liegt hier ein Fall vor, in dem ein Pilz in die Wurzel eindringt, durch seine Wirkung auf dieselbe ein kugelförmiges Auswachsen veranlasst und nun als echter Parasit die Zellen der Wurzel zerstört. Es ist schwer zu sagen, ob beide Wurzelpilze der Zirbelkiefer identisch sind, ebenso schwer als die einzelnen unter dem Namen Mycorhiza zusammengefassten Pilze praecis getrennt werden.

Zum Schlusse möchte ich nur noch darauf hinweissen, dass Rees a. a. O. 1887 im VIII. Kapitel „Andere Wurzelpilze" unter No. 2 schreibt: „An einer $1^1/_2$ jährigen, von Samen im Topf gezogenen Versuchskiefer, deren Jahrestrieb ausgeblieben war, trug das dürftige Wurzelsystem einige knopfartige, nicht gabelig angeordnete Anschwellungen ohne Pilzscheide. Im Innern zwischen aufgetriebenen Zellenmassen Mycel unbekannter Zugehörigkeit."

Diese kurze Schilderung weist darauf hin, dass ähnliche Gebilde wie bei Pinus Cembra auch bei Pinus silvestris vorkommen. Vielleicht werden sie durch den gleichen Parasiten verursacht, vielleicht auch durch den gewöhnlichen Mycorhizapilz, wenn er unter bestimmten Umständen ein Eindringen in die Wurzel möglich findet.

Die überaus lange und kräftig entwickelten Saugwurzeln der jüngeren, wie an einem Exemplar von 25 Jahren, waren im Oktober völlig intakt und gänzlich unverpilzt.

Figuren-Erklärung.

Tafel I.

Botrytis Douglasii.

Fig. 1 u. 2. Kranke Douglastannenzweige. Die jungen Triebe in verschiedenen Stadien des Absterbens im December.

Fig. 3. Absterbende Nadel, in welcher schon Mycel zu finden ist.

Fig. 4. Nadel mit Mycelknäueln.

Fig. 5 u. 6. Nadeln mit Sklerotien.

Fig. 7 u. 8. Zweige mit Sklerotien. Fig. 7 zeigt das Sklerotium unter den aus einander gebogenen trockenhäutigen Schuppen der vorjährigen Winterknospe.

Fig. 9. Nadel mit Mycelbüschel und Gonidienträgern.

Fig. 10. Ein Gonidienträger mit vielen Büscheln von Seitenästen, welche Gonidien tragen.

Fig. 11. Gonidienträger mit Gonidien.

Fig. 12, 13 u. 14. Solche nach Abfall der Gonidien in Wasser.

Fig. 15. Gonidien mit Stielzellen am Träger sitzend.

Fig. 16. Keimende Gonidien.

Fig. 17. Trockenes Mycel.

Fig. 18. Mycel aus der künstlichen Nährlösung.

Fig. 19 u. 20. Verletzte Mycelfäden mit Neubildungen aus den lebenden Theilen.

Tafel II.

Fig. 1—6 Arceuthobium Douglasii, Fig. 6—12 A. americanum, Fig. 13 A. Oxycedri, Fig. 14—18 Viscum articulatum.

Fig. 1. Zweig von Pseudotsuga Douglasii mit Arceuthobium Douglasii an den 3- und mehrjährigen Trieben, z. B. bei *a* und *b*. (Die Nadeln der oberen Partbien fielen an dem getrockneten Exemplare beim Transport ab.)

Fig. 2a u. 2b. Einfache Senker des Arceuthobiums im Douglastannenzweige. Bei x der Fig. 2b beginnt der Holztheil.

Fig. 3. Arceuthobium Douglasii.

Fig. 4. Arceuthobium Douglasii an der Gipfelknospe eines 4jährigen Kurztriebes hervorbrechend.

Fig. 5. Aelterer Zweig der Douglastanne mit den regellos vertheilten Austriebstellen abgebrochener Adventiv-Sprosse des Arceuthobiums.

Fig. 6—12 incl. Arceuthobium americanum auf Pinus Murrayana. 6a weibliche, 6b männliche Pflanze.

Fig. 7. Zweig von Pinus Murrayana mit 2 Adventivsprossen.

Fig. 8 zeigt, dass die Adventivsprosse über den Knospenschuppen hervorbrechen.

Fig. 9. Männliche Pflanze von Arc. americanum.

Fig. 10. Fruchtstand von Arc. americanum.

Fig. 11. Einzelne Zelle aus dem Gefässtheil eines Senkers von Arc. americanum.

Fig. 12. Ein Adventivspross, welcher dicht neben einem anderen (nicht gezeichneten) aus der Rinde hervorgebrochen ist. Die Austriebstellen bleiben schüsselförmig nach dem Abfallen der Sprosse zurück.

Die 3 Theile Fig. 12 gehören in einander gesteckt.

Fig. 13. Arceuthobium Oxycedri auf Juniperus Oxycedri.

Fig. 14. Viscum articulatum auf Ligustrum japonicum.

Fig. 15. Keimender Samen desselben auf dem Ligusterblatt.

Fig. 16. Ansatzstelle des Viscum articulatum.

a bis b bedeckt die Rinde des Liguster die Wurzelscheibe.

Fig. 17. Wurzelscheibe nach Entfernung der Ligusterrinde.

Fig. 18. Längsschnitt zeigt die keilförmige Wurzelscheibe von a bis b.

Tafel III.

Loranthus Kaempferi.

Fig. 1. Einjähriger Loranthuszweig mit 4 Haustorien und 2 Blättern; nat. Gr.

Fig. 2. Loranthuszweig mit Blatt und Früchten; nat. Gr.

Fig. 3. a Beere, vergrössert, b Stielchen.

Fig. 4. a Blätter, b Blatt von Fig, 1.

Fig. 5. Loranthustrieb. a—b Ende mit braunen Schuppen bedeckt, bei c Fruchtstiel.

Fig. 6. Braune Schuppen von 5a—b.

Fig. 7—12. Wurzelbildung.

Fig. 7. Zweig mit 2 Aesten und Haustorien, auf Tafel IV, 19 dargestellt.

Fig. 8 u. 9. Zweige mit Haustorien in dem Kiefernaste x.

Fig. 10. Einjährige Crescenz des Haustoriums, von 3 Holzringen umwachsen.

Fig. 11. Eingewachsenes Haustorium.

Fig. 12. Seitenzweige des Haustoriums von Holz eingeschlossen im Querschnitt. Der Zweig selbst halb eingewachsen.

Fig. 13 u. 14. Loranthuszweig mit Haustorien wie bei Fig. 7, aus dem Holze freigelegt.

Fig. 15. Junges Haustorium in der Rinde, welches den Holzkörper noch nicht erreicht hat.

Fig. 16. Loranthuszweig mit 3 Haustorien, auf dem Querschnitt die Wurzelscheibe (c) auf dem Holze ausgebreitet zeigend.

Fig. 17 u. 18 Schnitte durch das Haustorium in Fig. 16, a den Loranthuszweig, b die Borkeschuppe um das Haustorium (c) darstellend.

Fig. 19 u. 20. Das Haustorium nach der Entfernung der umgebenden Borkeschuppe.

Fig. 21a. Jüngstes Stadium der Haustorienbildung, handförmig getheilte Wurzelscheibe in der Rinde.

Fig. 21b. Das von 21a abgelöste Rindestück mit den Eindrücken der Wurzelscheiben.

Fig. 22. Feinste Spitze eines Astes der Wurzelscheibe.

Tafel IV.

Fig. 1—4 Hexenbesen der Weisserle.

Fig. 1. Zweig eines Hexenbesens von Alnus incana, die Zweiganschwellung deutlich zeigend.

Fig. 2 u. 3. Asken von Taphrina borealis auf Blättern der Erlenhexenbesen, in Zwiesel gesammelt.

Fig. 4—14 Lophodermium brachysporum (Rostrup) auf Pinus Strobus.

Fig. 4. Askus und Paraphysen. 500 : 1.

Fig. 5 u. 6. Auswachsende 'Paraphysen in künstlicher Cultur.

Fig. 7. Keimende Spore.

Fig. 8. Sporen im Askus keimend.

Fig. 9. Spore mit Querwand: im Askus beobachtet neben 7 unseptirten Sporen.

Fig. 10a u. 10b. Sporen mit Gallerthüllen. Fig. 10b in Wasser verquellend.

Fig. 11 u. 12. Nachträgliche Theilungen der Sporen in künstlicher Cultur.

Fig. 13. Undurchsichtige, unreife Spore. (Fig. 10a ist wasserhell.)

Fig. 14—18 Wurzelpilz an Pinus Cembra.

Fig. 14 u. 15. Knopfartige Verdickungen ohne äusseren Pilzmantel, im Inneren voll Mycel, welches die Gefässstränge zerstört.

Fig. 16. Gewöhnliche Mycorhizenbildungen.

Fig. 17. Junge Zirbelkiefernpflanze mit beiden Wurzelpilzformen.

Fig. 18. Trichosphaeria parasitica (Hartig) an Picea excelsa.

Fig. 19. Wurzelbildung von Loranthus Kaempferi als Figur 7 in Tafel III zu betrachten; zum Vergleiche die nächste Figur.

Fig. 20. Wurzelbildung von Loranthus longiflorus, welcher ebenfalls auf den Aesten der Nährpflanzen hinwächst, indem er sich mit Haustorien festhält, die einen compacten Conus bildend von dem Nähraste theilweise umwachsen werden.

Tafel V.

Pestalozzia Hartigii n. sp.

Fig. 1, 2 u. 3. Lebende Fichten, die Einschnürung und (Fig. 2 u. 3) Gonidienhäufchen zeigend. Letztere treten aus den Pycniden über die Epidermis hervor.

Fig. 4. Pycniden in der Fichtenrinde.

Fig. 5. Eine Stelle aus einer Pycnide (500 : 1 wie alle folgenden Figuren).

Fig. 6. Gonidie mit gequollener Zelle vor der Keimung.

Fig. 7 u. 8. Gonidie mit gequollener, unterer gebräunter Zelle nach der Keimung.

Fig. 9. Die obere gebräunte Zelle keimt aus.

Fig. 10. Gonidie nach Verlust der Borsten mit gequollener Endzelle.

Fig. 11. Ausgekeimte Endzelle.

Fig. 12 u. 13. Keimungen.

Fig. 14 u. 15. Gonidienbildung in der Cultur. Fig. 14 zeigt die dunkle Mutter-Gonidie.

No. 2137. Fuckel F. rh. „Pestalozzia truncatula".

No. 527. Ellis North. Am. F. „Pestalozzia conigena Lév."

No. 349. Ellis North. Am. F. „P. truncatula" = P. conorum Piceae n. sp.

No. 2462. Rabh. F. europ. „P. conigena" = P. conorum Piceae n. sp.

No. 1778. De Thümen Mycoth. univ. P. lignicola Cooke.

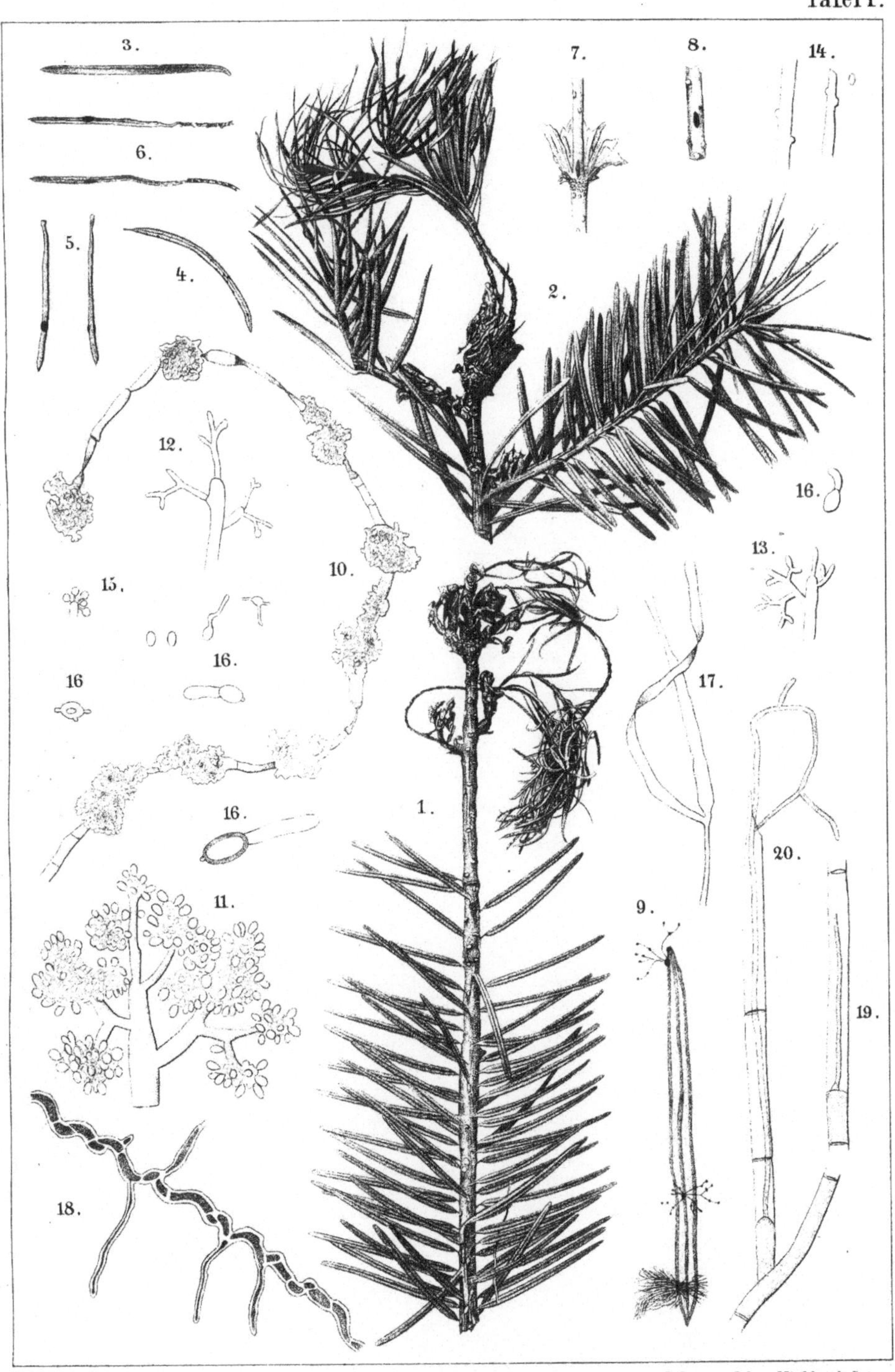
3.
6.
5.
4.
7.
8.
14.
2.
12.
10.
15.
16.
13.
16.
16.
17.
16.
20.
11.
1.
9.
19.
18.

2 a
3.
7.
10.
4.
9.
8.
2 b
12.
12.
a
a
b
b
a
b
16.
18.
17.
15.
1.
a
11.
b
b
6.
a
13.
b
5.
14.

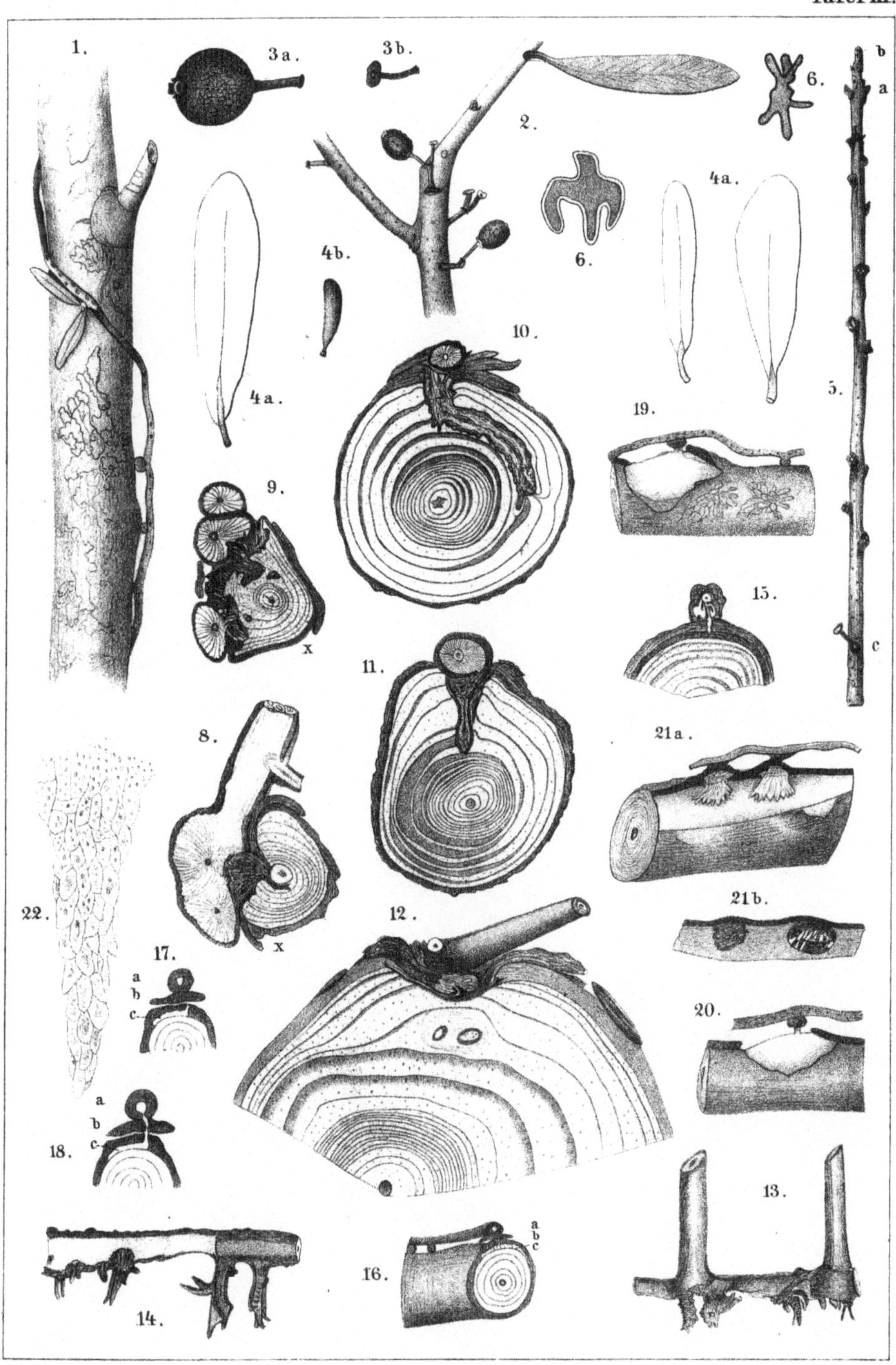

1.
3a.
3b.
2.
6.
b
a
4a.
4b.
6.
4a.
4a.
5.
10.
19.
9.
15.
x
11.
21a.
8.
12.
21b.
22.
17.
a
b
c
20.
a
b
c
18.
13.
14.
16.
a
b
c

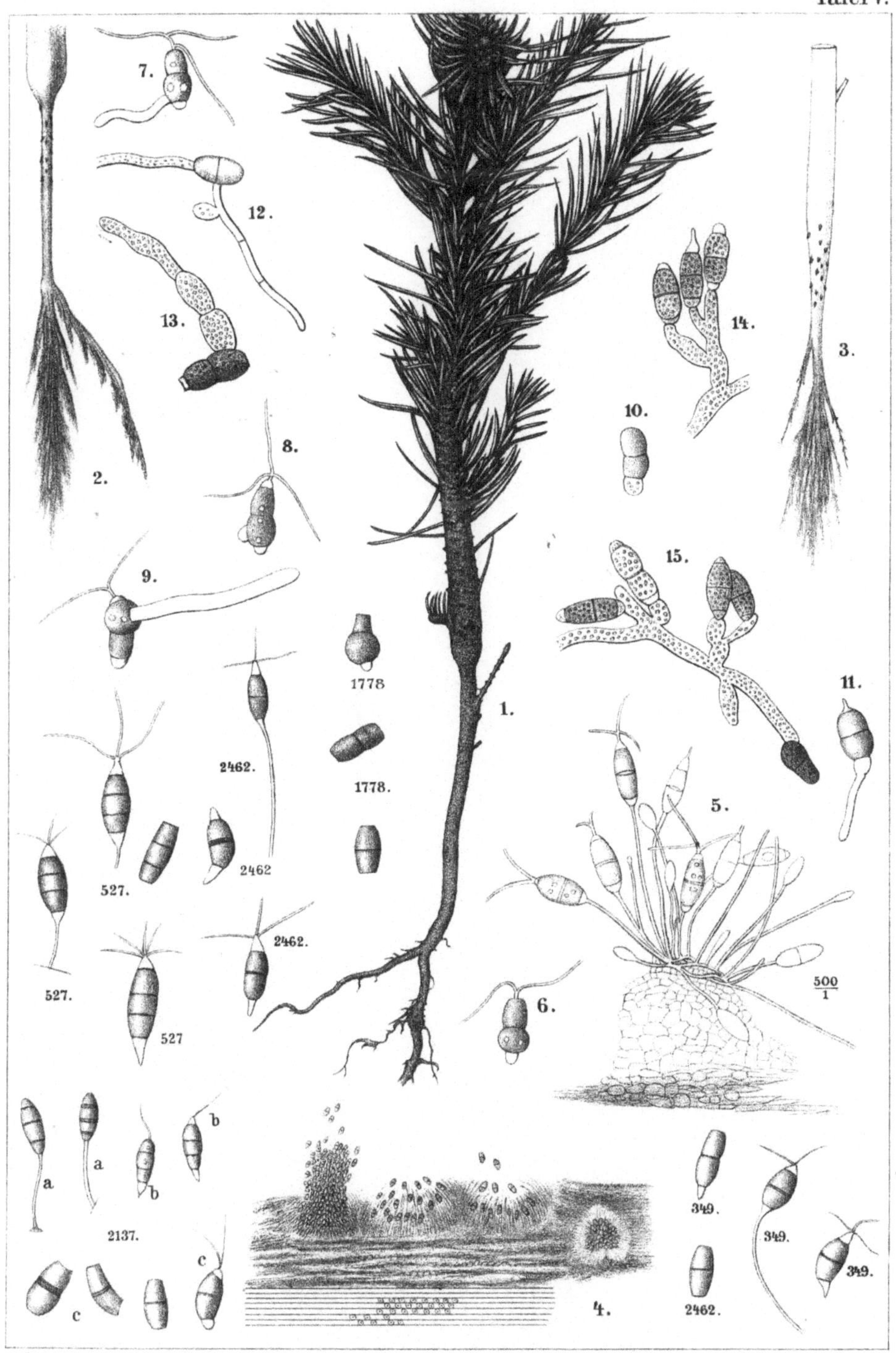